Klaus Weltner (Herausgeber)

Mathematik für Physiker

Leitprogramm Band 2

Mathematik für Physiker

Lehrbuch Band 1

Vektorrechnung – Skalarprodukt, Vektorprodukt – Einfache Funktionen, Trigonometrische Funktionen – Potenzen, Logarithmus, Umkehrfunktion – Differentialrechnung – Integralrechnung – Taylorreihen und Potenzreihen – Komplexe Zahlen – Differentialgleichungen – Wahrscheinlichkeitsrechnung – Wahrscheinlichkeitsverteilungen – Fehlerrechnung

dazu gehören

Leitprogramm 1

Leitprogramm 2

Lehrbuch Band 2

Funktionen mehrerer Variablen, skalare Felder und Vektorfelder – Partielle Ableitung, totales Differential und Gradient – Mehrfachintegrale, Koordinatensysteme – Parameterdarstellung, Linienintegral – Oberflächenintegrale, Divergenz und Rotation – Koordinatentransformationen und Matrizen – Lineare Gleichungssysteme und Determinanten – Eigenwerte und Eigenvektoren – Fourierreihen – Fourier-Integrale – Laplace-Transformationen – Die Wellengleichungen

dazu gehört

Leitprogramm 3

Vieweg

Klaus Weltner (Herausgeber)

Mathematik für Physiker

Basiswissen für das Grundstudium

Leitprogramm Band 2
zu Lehrbuch Band 1

verfaßt von
Klaus Weltner, Hartmut Wiesner,
Paul-Bernd Heinrich, Peter Engelhardt, Helmut Schmidt

Illustrationen von Martin Weltner

Graphische Gestaltung von Aenne Sauer, Martin Gresser

6., vollständig neu bearbeitete Auflage

Dr. *Klaus Weltner* ist Professor für Didaktik der Physik, Universität Frankfurt, Institut für Didaktik der Physik.

Dr. Dr. *Hartmut Wiesner* ist Professor für Didaktik der Physik, Universität München, Lehrstuhl für Didaktik der Physik.

Dr. *Paul-Bernd Heinrich* ist Professor für Mathematik an der Fachhochschule Mönchengladbach.

OStR. Dipl.-Phys. *Peter Engelhardt* war wissenschaftlicher Mitarbeiter am Institut für Didaktik der Physik, Universität Frankfurt.

Dr. *Helmut Schmidt* ist Professor für Didaktik der Physik an der Universität Köln.

1. Auflage 1975
2., überarbeitete Auflage 1981
3., Auflage 1983
4., durchgesehene Auflage 1986
5., durchgesehene und verbesserte Auflage 1990
6., vollständig neu bearbeitete Auflage 1995

Umschlaggestaltung: Peter Morys, Salzhemmendorf

Gedruckt auf säurefreiem Papier

ISBN-13: 978-3-528-53054-9   e-ISBN-13: 978-3-322-85080-5
DOI: 10.1007/978-3-322-85080-5

INHALTSVERZEICHNIS

* Um die Kapitel 10, 11 und 12 zu finden, muß man das Buch umdrehen.
  Die Seiten ab 116 stehen auf dem Kopf und sind erst nach dem Umdrehen zugänglich.

INHALTSVERZEICHNIS DES 1. BANDES

INHALTSVERZEICHNIS DES 3. BANDES

Aus der Vorbemerkung zur 1. Auflage

Das vorliegende Buch enthält die Leitprogramme für die ersten fünf Kapitel des Lehrbuches „Mathematik für Physiker – Basiswissen für das Grundstudium". Die Leitprogramme können nur im Zusammenhang mit dem Lehrbuch benutzt werden. Die Leitprogramme sind eine ausführliche Studienanleitung. Das Konzept, der Aufbau und die Ziele dieser Studienanleitung sind in der Einleitung des Lehrbuches ausführlich beschrieben. Es wäre Papierverschwendung, diese Gedanken hier zu wiederholen. Sie können auf Seite 3 im Lehrbuch nachgelesen werden.

Nun eine kurze Bemerkung zum Gebrauch dieses Buches:

Die Anordnung des Buches unterscheidet sich von der Anordnung üblicher Bücher. Es ist ein *„verzweigendes Buch"*. Das bedeutet, beim Durcharbeiten wird nicht jeder Leser jede Seite lesen müssen. Je nach Lernfortschritt und Lernschwierigkeiten werden individuelle Arbeitsanweisungen und Hilfen gegeben.

Innerhalb des Leitprogramms sind die einzelnen Lehrschritte fortlaufend in jedem Kapitel neu durchnumeriert. Die Nummern der Lehrschritte stehen auf dem rechten Rand. Mehr braucht hier nicht gesagt zu werden, alle übrigen Einzelheiten ergeben sich bei der Bearbeitung und werden jeweils innerhalb des Leitprogramms selbst erklärt.

Vorbemerkung zur 6. Auflage

Die Methodik, das selbständige Studieren durch Leitprogramme der vorliegenden Art zu unterstützen, hat sich seit nunmehr fast zwanzig Jahren in der Praxis bewährt.

Vielen Studienanfängern der Physik, aber auch der Ingenieurwissenschaften und der anderen Naturwissenschaften, haben die Leitprogramme inzwischen geholfen, die Anfangsschwierigkeiten in der Mathematik zu überwinden und geeignete Studiertechniken zu erwerben und weiterzuentwickeln. So haben die Leitprogramme dazu beigetragen, Studienanfänger etwas unabhängiger von Personen und Institutionen zu machen. Diese Leitprogramme haben sich als ein praktischer und wirksamer Beitrag zur Verbesserung der Lehre erwiesen. Niemand kann dem Studierenden das Lernen abnehmen, aber durch die Entwicklung von Studienunterstützungen kann ihm seine Arbeit erleichtert werden. Insofern sehe ich in der Entwicklung von Studienunterstützungen einen wirksamen und entscheidenden Beitrag zur Studienreform.

Dieser Beitrag allerdings müßte in den einzelnen Disziplinen und Fächern geleistet und von Bildungspolitikern wahrgenommen und gefördert werden. Zwar ist es zu begüßen, daß inzwischen Verbesserungen in der Lehre allgemein gefordert und gelegentlich auch gefördert werden. Leider bleibt dabei ein Aspekt im Hintergrund, nämlich die Verbesserung der Lerngrundlagen. Das ist die Versorgung der Studierenden mit Büchern, Zeitschriften und auch Studienhilfen. Wirksame Verbesserungen der Studienbedingungen sind hier schnell und relativ kostengünstig möglich, wenn sie denn auch wirklich gewollt werden.

Die Leitprogramme sind völlig neu bearbeitet und auch in der äußeren Form neu gestaltet worden. Die Reihenfolge der Kapitel ist geändert. Die Vektorrechnung steht jetzt am Anfang und ist vollständig in den ersten Band übernommen worden. Die Fehlerrechnung wird jetzt früher, nämlich in diesem Band behandelt. Neu hinzugekommen ist im dritten Band das Kapitel „Eigenwerte". Stärker als in den früheren Auflagen kann der Leser jetzt entscheiden, wieviele Hilfen er bei den Aufgabenlösungen in Anspruch nimmt. Damit entscheiden die Studierenden selbst über den individuellen Schwierigkeitsgrad ihres Lernweges. Gerade die Möglichkeit, je nach der augenblicklichen Lernsituation die angebotenen Hilfen zu nutzen oder komplexere Aufgaben selbständig zu bearbeiten, dürfte nicht unerheblich zur Akzeptanz der Leitprogramme beigetragen haben.

Inzwischen ist begonnen worden, auf der Grundlage dieser Leitprogramme eine Version zu entwickeln, die als Lernsoftware vom PC dargeboten wird.

Dem Vieweg Verlag danke ich für die Möglichkeit zu dieser Neubearbeitung und Herrn Schwarz, dem verantwortlichen Lektor, bin ich für mannigfache Hilfe und Unterstützung verbunden. Ebenso danke ich vielen Lesern, die in der Vergangenheit halfen, mit Hinweisen auf Druckfehler und mit Verbesserungsvorschlägen die Leitprogramme klarer und instruktiver zu gestalten. Auch in Zukunft sind solche Vorschläge und Hilfen sehr erwünscht, weil sie beiden helfen, den Autoren und vor allem den späteren Lesern.

Frankfurt/Main, Juni 1995   Klaus Weltner

Kapitel 7

Taylorreihen und Potenzreihenentwicklung

1

Vorbemerkung

Entwicklung einer Funktion in eine Potenzreihe

Gültigkeitsbereich der Taylor-Entwicklung

Taylorreihen und Potenzreihenentwicklung sind für viele Studienanfänger völlig neue Gebiete. Manche Ausdrücke scheinen schwerfällig. Sie werden klarer, wenn man die Umformungen geduldig auf einem Zettel mitrechnet. So kommen Sie zwar im Augenblick langsamer voran, aber im Endeffekt sparen Sie Zeit, weil Sie besser behalten, was Sie aktiv erarbeiten. Teilen Sie sich die Arbeit in Abschnitte ein.

STUDIEREN SIE im Lehrbuch   7.1   Vorbemerkung

                                7.2   Entwicklung einer Funktion in eine Potenzreihe

                                7.3   Gültigkeitsbereich der Taylor-Entwicklung
                                        (Konvergenzbereich)
                                        Lehrbuch, Seite 163 - 168

BEARBEITEN SIE DANACH   ---------------------------------- ▷   2

42

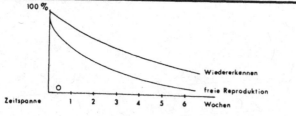

Die Abbildung zeigt „*Vergessenskurven*", die zeitliche Abnahme des Gedächtnisinhaltes.

In grober Näherung ergeben sich exponentiell fallende Kurven. Die Fähigkeit, Sachverhalte zu reproduzieren, fällt rascher ab, als die Fähigkeit, Sachverhalte wiederzuerkennen. Sachverhalte, die man beim Lesen wiedererkennt, können keineswegs immer aktiv reproduziert werden. Das Wiedererkennen täuscht subjektiv einen höheren Kenntnisstand vor. Das stellt sich in jenen Situationen heraus, in denen man darauf angewiesen ist, Sachverhalte ohne Hilfe selbständig darzustellen und seine Kenntnisse anzuwenden.

---------------------------------- ▷   43

83

$$\sin x = 1 - \frac{1}{2!}(x - \frac{\pi}{2})^2 + \frac{1}{4!}(x - \frac{\pi}{2})^4 - \ldots\ldots$$

Setzt man in der obigen Taylorentwicklung für x den Wert $\frac{\pi}{2}$ ein, ergibt sich $\sin\frac{\pi}{2} = 1$, da alle Potenzen von $(x - \frac{\pi}{2})$ verschwinden.

Was ergibt sich, wenn man in der obigen Taylorreihe die Variable x durch $(x + \frac{\pi}{2})$ ersetzt?

$\sin(x + \frac{\pi}{2}) = \ldots\ldots\ldots\ldots$

---------------------------------- ▷   84

$\boxed{2}$

Nennen Sie mindestens drei Begriffe, die in diesem Abschnitt neu eingeführt werden.

1) . . . .

2) . . . .

3) . . . .

------------------------------------ ▷   3

$\boxed{43}$

Die Verfügbarkeit über Gedächtnisinhalte hängt von der Strukturierung des Lerninhaltes ab. Material, das einsichtig gelernt und im Zusammenhang erfaßt wird, bleibt länger reproduzierbar.

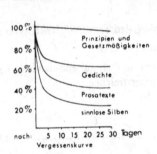

Vergessenskurve

Die Abbildung verdeutlicht diesen Sachverhalt an verschiedenen Lerninhalten.

Daraus folgt, es ist vorteilhaft, sich Gelerntes immer im Zusammenhang zu vergegenwärtigen.

------------------------------------ ▷   44

$\boxed{84}$

$$\sin\left(x + \frac{\pi}{2}\right) = 1 - \frac{x^2}{2!} + \frac{x^4}{4!} - \ldots\ldots\ldots\ldots$$

Die Reihe auf der rechten Seite der Gleichung ist die Taylorreihe der Funktion $f(x)$ $\cos x$:

$$\cos x = 1 - \frac{x^2}{2!} + \frac{x^4}{4!} - \ldots\ldots\ldots\ldots$$

Damit erhalten wir das Ergebnis: $\sin\left(x + \frac{\pi}{2}\right) = \cos x$

Diese Gleichung wird bereits in der Trigonometrie abgeleitet $\sin\left(\alpha + \frac{\pi}{2}\right) = \cos\alpha$. Diesmal haben wir sie mit Hilfe der Taylorreihenentwicklung also „analytisch" bewiesen.

------------------------------------ ▷   85

3

Potenzreihe

Taylor-Reihe

Konvergenzbereich

....

Nennen Sie stichwortartig die drei Gründe dafür, daß die Entwicklung einer Funktion in eine Potenzreihe nützlich sein kann:

a) ....

b) ....

c) ....

-------------------------------- ▷   4

44

Die Absicht, sich etwas einzuprägen, wirkt sich positiv aus auf die Fähigkeit, Gelerntes zu reproduzieren.

LEWIN (1963) berichtet über folgendes Experiment:

Ein Student sollte seinen Kommilitonen einen Merkstoff solange vorlesen, bis diese ihn reproduzieren konnten

Danach wurde der vortragende Student selber aufgefordert, den Text frei wiederzugeben.

Im Gegensatz zu den Teilnehmern hatte er sich fast nichts gemerkt.

Daraus folgt: Es ist vorteilhaft, während des Studierens immer zu entscheiden, was behaltenswert ist, dies zu exzerpieren oder mindestens zu unterstreichen.

-------------------------------- ▷   45

85

Lösen Sie nach einigen Tagen die Übungsaufgaben 7.4, Lehrbuch, Seite 179, bis Sie mindestens eine Aufgabe richtig gerechnet haben.

-------------------------------- ▷   86

4

a) Die ersten Glieder einer Potenzreihe eignen sich als Näherungsausdrücke für die Funktion.

b) Potenzreihen lassen sich gliedweise differenzieren und integrieren.

c) Mittels Potenzreihen lassen sich Funktionswerte beliebig genau berechnen.

Der Ausdruck n! wird gesprochen: ....

Der Ausdruck n! bedeutet: ....

------------------------------ ▷   5

45

Gedächtnisinhalte hängen von der Art ab, in der sie eingelernt werden.

a) Massiertes Lernen: Ein Kapitel wird 4 Stunden lang studiert.

b) Verteiles Lernen: Die Arbeit wird auf 4 zeitlich auseinanderliegende Arbeitsphasen von je einer Stunde verteilt.

------------------------------ ▷   46

86

Nutzen der Reihenentwicklung

Polynome als Näherungsfunktionen

Tabelle gebräuchlicher Näherungspolynome

STUDIEREN SIE im Lehrbuch   7.6   Nutzen der Reihenentwicklung

7.6.1 Polynome als Näherungsfunktionen

7.6.2 Tabelle gebräuchlicher Näherungspolynome

Lehrbuch, Seite 173 - 176

BEARBEITEN SIE DANACH   ------------------------------ ▷   87

5

n-Fakultät

$$n! = 1 \cdot 2 \cdot 3 \ \dots \ (n-1) \cdot n$$

Berechnen Sie und nutzen Sie Rechenerleichterungen aus:

$$5! \qquad = \dots\dots\dots$$

$$\frac{7!}{5!} \qquad = \dots\dots\dots$$

$$\frac{(n+1)!}{n!} \qquad = \dots\dots\dots$$

$$\frac{9!}{11!} \qquad = \dots\dots\dots$$

------------------------------- ▷ 6

46

Experimentelle Untersuchungen zeigen die deutliche Überlegenheit des verteilten Lernens. So hat Engelmayer (1969) den gleichen Anteil an Übungs- und Wiederholungsphasen über

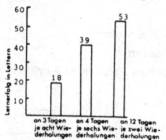

3, 4 und 12 Tage verteilt und jeweils den Lernerfolg gemessen

Unterschiedliche Verteilung der Wiederholung und Lernerfolg (nach Engelmayer).

Verteiltes Lernen ist Lernen mit Wiederholungsphasen. Wiederholung sichert nicht nur den Lernerfolg, sondern ist gleichzeitig ein Mittel, das Lernen zu rationalisieren und bei gleichen Lernzeiten den Lehrstoff sicherer einzulernen. ------------------------------ ▷ 47

87

Mit Hilfe der Taylorentwicklung lassen sich Näherungsformeln für die wichtigsten Funktionen gewinnen. So genügt es oft, bei kleinen Winkeln die trigonometrischen Funktionen durch ihre Näherungspolynome zu ersetzen. Dadurch lassen sich schwierige mathematische Ausdrücke erheblich vereinfachen.

Geben Sie die 1. und 2. Näherung nach der Tabelle – Lehrbuch, Seite 176 – für $\cos x$ an.

1. Näherung: $\cos x \approx \dots\dots\dots$

2. Näherung: $\cos x \approx \dots\dots\dots$

------------------------------- ▷ 88

6

$5! = 120$

$$\frac{7!}{5!} = \frac{2 \cdot 3 \cdot 4 \cdot 5 \cdot 6 \cdot 7}{2 \cdot 3 \cdot 4 \cdot 5} = 6 \cdot 7 = 42$$

$$\frac{(n+1)!}{n!} = \frac{2 \cdot 3 \quad n(n+1)}{2 \cdot 3 \dots n} = n+1$$

$$\frac{9!}{11!} = \frac{2 \cdot 3 \dots 9}{2 \cdot 3 \dots 9 \cdot 10 \cdot 11} = \frac{1}{110}$$

Rechenerleichterung: Oft kann man durch Faktoren kürzen, die im Zähler und im Nenner vorkommen. Haben Sie bei den obigen Aufgaben einen oder mehrere Fehler gemacht?

Ja ------------------------------- ▷   7

Nein ------------------------------- ▷   10

47

Im Rahmen dieses Leitprogrammes ist mehrfach empfohlen worden:

Wiederholung nach Abschluß einer Lernphase – vor der Pause.

Wiederholung nach einigen Tagen oder vor Beginn des neuen Kapitels.

Diese Wiederholungen können und sollten ergänzt werden durch eine zusätzliche systematische Wiederholung nach einem größeren Zeitabstand. Dafür kann man sich einen Wiederholungsplan aufstellen. Er kann darin bestehen, daß man jeweils bei der Durcharbeitung eines Kapitels dasjenige Kapitel wiederholt, das man 4 Wochen vorher bearbeitet hat.

Ziel: Alle im Kapitel neu eingeführten Begriffe sowie die Operationen sollten wieder aktiv beherrscht werden. Hat man Exzerpte angefertigt, so sind diese die Grundlage der Wiederholung.

-------------------------------- ▷   48

88

1. Näherung: $\cos x \approx 1 - \dfrac{x^2}{2}$ 2. Näherung: $\cos x \approx 1 - \dfrac{x^2}{2} + \dfrac{x^4}{4!}$

Bei der cos-Funktion benutzt man häufig die 1. Näherung: $\cos x \approx 1 - \frac{x^2}{2}$.

Betrachten wir den Fehler, den man bei der Benutzung dieser Näherung macht:
Für $x = 0,5$ rad gilt:
Exakter Wert: $\cos(0,5) = 0,8776$

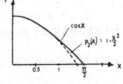

Näherung: $p_2(0,5) = 1 - \dfrac{(0,5)^2}{2} = 0,8750$

Fehler der Näherung: $\cos(0,5) - p_2(0,5) \approx 0,0026 \approx 0,0026 \approx 0,3\%$. Berechnen Sie entsprechend den Fehler der 1. Näherung für den Wert $x = 0,75$ $\cos 0,75 = 0,732$

$\cos(0,75) - p_2(0,75) \approx 0,732 \dots \dots \dots \dots \dots$

-------------------------------- ▷   89

7

Das Symbol n! (gesprochen n-Fakultät) ist eine Abkürzung für das Produkt der ersten n-Zahlen.

$$n! = 1 \cdot 2 \cdot 3 \ldots n$$

Was ergibt (n-2)! ?

$$(n-2)! = \ldots\ldots\ldots\ldots$$

------------------------------------ ▷   8

48

Die Wiederholung kann in folgenden Schritten ablaufen:

1. Schritt: Man schreibt aus dem Gedächtnis die Gliederung des Kapitels und die Liste der neu eingeführten Begriffe hin (freie Reproduktion).

2. Schritt: Man vergleicht diese Liste mit dem Exzerpt und ergänzt sie.

3. Schritt: Man versucht die Bedeutung der Begriffe frei zu reproduzieren. Man kontrolliert sie anhand des Textes und des Exzerptes.
Ursprünglich nicht erinnerte Begriffe und falsch reproduzierte Bedeutungen müssen neu gelernt werden.

4. Schritt: Bearbeitung entsprechender Übungen des Kapitels.

------------------------------------ ▷   49

89

$$\cos(0{,}75) - p_2\,(0{,}75) \approx 0{,}732 - 0{,}719 \approx 0{,}013$$

Für kleine Winkel x gilt für die Sinusfunktion folgende Näherung
$$\sin x \approx x$$
Der Fehler erreicht bei $x = 0{,}3$ etwa 0,5%. Es gilt:
$$\sin (0{,}3) = 0{,}2955$$
und folglich ist die Differenz $0{,}3 - \sin (0{,}3) = \ldots$

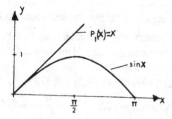

------------------------------------ ▷   90

8

$(n-2)! = 1 \cdot 2 \cdot 3 \ldots (n-3)(n-2)$

....

Berechnen Sie nun folgende Aufgaben.

Denken Sie daran, man kann oft kürzen und sich Rechenarbeit sparen.

1. $\dfrac{n!}{(n-2)!}$ = ...

2. $\dfrac{3! \cdot 5!}{6!}$ = ...

3. $\dfrac{100!}{101!}$ = ...

------------------------------ ▷   9

49

Das Exzerpieren ist wirklich eine wichtige Arbeitstechnik. Die Exzerpte sind in mehrfacher Hinsicht nützlich. Einmal lernt man beim Exzerpieren Wesentliches von Unwesentlichem zu unterscheiden. Dann sind Exzerpte eine gute Hilfe für Wiederholungen.

Es hilft auch, Wesentliches im Lehrbuch anzustreichen. Das nützt aber genau wie das Exzerpieren nur dann, wenn höchstens 5-10% des Textes angestrichen oder exzerpiert werden. Sonst schreibt man ja ab und differenziert nicht mehr.

------------------------------ ▷   50

90

$0,3 - 0,2955 = 0,005$

Erinnerung: $0,3$ rad $\approx 17,2$ grad

....

Welchen Fehler hat die folgende Näherung bei $x = 1$?

$\sin x \approx x - \dfrac{x^3}{3!}$

$\sin (1) = 0,84147$

$p_3 (1) =$ ....

Fehler = ...

  1 rad = ... grad

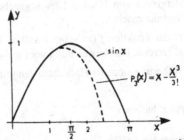

------------------------------ ▷   91

$$\frac{n!}{(n-2)!} = \frac{1 \cdot 2 \ldots (n-2)(n-1)\,n}{1 \cdot 2 \ldots (n-2)} = (n-1)\,n$$

$$\frac{3! \cdot 5!}{6!} = \frac{(1 \cdot 2 \cdot 3)(1 \cdot 2 \cdot 3 \cdot 4 \cdot 5)}{1 \cdot 2 \cdot 3 \cdot 4 \cdot 5 \cdot 6} = 1$$

$$\frac{100!}{101!} = \frac{1 \cdot 2 \ldots\ldots 100}{1 \cdot 2 \ldots\ldots 100 \cdot 101} = \frac{1}{101}$$

------------------------------- ▷   10

Ihnen sind Wiederholungstechniken bekannt. Das ist gut so, denn sie sind nützlich.

Wiederholung vor Pausen.

Wiederholung vor neuem Kapitel.

Wiederholung nach Plan.

Im übrigen gilt auch hier: Wiederholungstechniken sind nützlich; allerdings nur dem, der sie anwendet.

------------------------------- ▷   51

$p_3(1) = 0,83333 \ldots\ldots\ldots\ldots$

Fehler $\approx 0,008 \approx 1\%$ 1 rad = 57 grad

Im Lehrbuch ist auf Seite 176 in der Tabelle mit den Näherungen der jeweilige Bereich für eine Fehlergrenze von 1% und 10% angegeben. Sie sollen sich nun im Umgang mit dieser Tabelle vertraut machen.

Der Wert der Funktion $f(x) = \tan x$ soll an der Stelle $x = 0,15$ mit Hilfe einer Näherung berechnet werden. Die Abweichung vom wahren Wert soll kleiner als 1% sein.

Welche Näherung kann als **einfachste** genommen werden?

1. Näherung: $\tan x \approx x$ ------------------------------- ▷   94

2. Näherung: $\tan x \approx x + \dfrac{x^3}{3}$ ------------------------------- ▷   92

10

Geben Sie die allgemeine Form der Taylorreihe für die Funktion $f(x)$ an. Entwickelt wird an der Stelle $x_0 = 0$. Sehen Sie eventuell im Lehrbuch nach.

$f(x) = \dots\dots\dots\dots\dots\dots\dots\dots$

------------------------------------ ▷ 11

51

Sie haben jetzt eine KLEINE PAUSE verdient!

------------------------------ ▷ 52

92

Leider falsch!

Bei Verwendung der 1. Näherung $\tan x \approx x$ ist nach der Tabelle die Abweichung vom wahren Wert kleiner als 1%, wenn x im Bereich $0 < x < 0{,}17$ liegt. Der Wert $0{,}15$ liegt innerhalb des Bereichs. Es genügt also in diesem Fall die **1. Näherung**.

Die Funktion $\sqrt{1+x}$ soll im Bereich $x = 0$ bis $x = 0{,}50$ durch eine Näherung ersetzt werden. Der relative Fehler soll 1% nicht überschreiten.

Welche Näherung kann als **einfachste** genommen werden?

1. Näherung   ------------------------------- ▷ 93

2. Näherung   ------------------------------- ▷ 94

11

$$f(x) = f(0) + \frac{f'(0)}{1!}x + \frac{f''(0)}{2!}x^2 + \frac{f'''(0)}{3!}x^3 + \cdots$$

Entwickeln Sie nun die Funktion $f(x) = \cos x$ an der Stelle $x = 0$ in eine Taylorreihe bis zum Gliede n = 4.

Gehen Sie so vor:

1. Schritt: Ableitungen f', f'', f''', $f^{(4)}$ bilden.

2. Schritt: Werte der Ableitungen für $x = 0$ ermitteln.

3. Schritt: Werte f (0), f'(0), ..., f$^{(4)}$ (0) in die Gleichung einsetzen. Sie steht oben im Antwortfeld.

   $\cos x = \dots\dots\dots\dots\dots\dots\dots\dots\dots$

------------------------------- ▷   12

52

Näherungspolynom

Abschätzung des Fehlers

STUDIEREN SIE im Lehrbuch   7.4   Näherungspolynom

                                 7.4.1   Abschätzung des Fehlers

                                         Lehrbuch, Seite 169 - 172

BEARBEITEN SIE danach

------------------------------- ▷   53

93

Leider falsch!

Die 1. Näherung für $\sqrt{1+x}$ hat einen Fehler, der maximal 1% beträgt, nur im Bereich von $x = 0$ bis $x = 0{,}30$.

Die 2. Näherung hat eine Abweichung von maximal 1% in dem größeren Bereich $x = 0$ bis $x = 0{,}60$. Der geforderte Bereich ist $x = 0$ bis $x = 0{,}50$. Es muß daher die *2. Näherung* genommen werden.

SPRINGEN SIE auf

------------------------------- ▷   95

12

$$\cos x \approx 1 - \frac{x^2}{2!} + \frac{x^4}{4!}$$

....

Alles richtig   ------------------------------ ▷ 14

Fehler gemacht oder
Erläuterung erwünscht   ------------------------------ ▷ 13

53

Entwickelt man eine Funktion in eine Taylorreihe, so interessiert man sich meistens nur für die ersten Glieder dieser Reihe. Man bricht die Reihe deshalb nach dem n-ten Glied ab.

Wie heißen die beiden Anteile, in die sich eine Taylorreihe aufspalten läßt?

$$f(x) = a_0 + a_1 x + \cdots + a_n x^n \qquad \text{und} \qquad + a_{n+1} x^{n+1} + \cdots$$

....

------------------------------ ▷ 54

94

Richtig!

------------------------------ ▷ 95

Die ersten Glieder der Taylorreihe für die cos-Funktion sollten berechnet werden.
1. Wir bilden die Ableitungen:

$$f(x) = \cos x \qquad f'(x) = -\sin x \qquad f''(x) = -\cos x$$

$$f'''(x) = \sin x \qquad f^{(4)}(x) = \cos x$$

2. Wir ermitteln die Werte für $x = 0$:

$$f(0) = 1 \qquad f'(0) = 0 \qquad f''(0) = -1$$

$$f'''(0) = 0 \qquad f^{(4)}(0) = 1$$

3. Wir setzen ein: $\cos x \approx f(0) + f'(0)x + \dfrac{f''(0)}{2!} x^2 + \cdots + \dfrac{f^{(4)}(0)}{4!} x^4$

$$= 1 + \frac{0 \cdot x}{1!} + \frac{(-1) \cdot x^2}{2!} + \frac{0 \cdot x^3}{3!} + \frac{1 \cdot x^4}{4!}$$

$$= 1 - \frac{1}{2!} x^2 + \frac{1}{4!} x^4 \qquad \text{-----------------} \rhd \ 14$$

Näherungspolynom n-ten Grades und Rest

Wir wollen uns mit dem Näherungspolynom beschäftigen. Gegeben sei die Taylorreihe:

$$e^x = 1 + x + \frac{x^2}{2!} + \frac{x^3}{3!} + \frac{x^4}{4!} + \frac{x^5}{5!} + \cdots\cdots$$

Nennen Sie die Gleichungen der 4 ersten Näherungspolynome:

1. Näherungspolynom $p_1(x) = \ldots\ldots\ldots\ldots$

2. Näherungspolynom $p_2(x) = \ldots\ldots\ldots\ldots$

3. Näherungspolynom $p_3(x) = \ldots\ldots\ldots\ldots$

4. Näherungspolynom $p_4(x) = \ldots\ldots\ldots\ldots$

----------------------------------- $\rhd$ 55

Welche Näherung muß im Bereich $0 < x < 0{,}4$ für die Funktion $\tan x$ genommen werden, wenn die Genauigkeit 1% betragen soll.

☐ 1. Näherung
☐ 2. Näherung

----------------------------------- $\rhd$ 96

14

Entwickeln Sie die Funktion $f(x) = \dfrac{1}{(1+x)^2}$ an der Stelle $x = 0$ in eine Taylorreihe bis

zum Gliede n = 3. Welche Rechenschritte müssen Sie dazu nacheinander ausführen?

1. . . . .

2. . . . .

3. . . . .

------------------------------- ▷   15

55

$$p_1(x) = 1 + x$$
$$p_2(x) = 1 + x + \frac{x^2}{2!}$$
$$p_3(x) = 1 + x + \frac{x^2}{2!} + \frac{x^3}{3!}$$
$$p_4(x) = 1 + x + \frac{x^2}{2!} + \frac{x^3}{3!} + \frac{x^4}{4!}$$

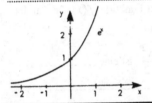

Die Zeichnung zeigt das Bild der Funktion

$$y = e^x$$

Zeichnen Sie das erste Näherungspolynom ein:

$$p_1(x) = 1 + x$$

------------------------------- ▷   56

96

2. Näherung ist richtig.

Die Funktion

$$\frac{1}{\sqrt{1+x}}$$

soll im Bereich $0 < x < 0,7$ durch eine Näherungsformel ersetzt werden. Die Abweichung soll maximal 10% betragen. Geben Sie das Näherungspolynom mit dem niedrigsten Grad an, das diese Bedingung erfüllt.

$$\frac{1}{\sqrt{1+x}} \approx \ldots \ldots \ldots \ldots$$

------------------------------- ▷   97

15

1. Bildung der Ableitungen $f'(x), f''(x), f'''(x)$

2. Ermittlung des Werts der Ableitungen für $x = 0$.

3. Einsetzen der Werte in die Reihe: $f(x) \approx \sum_{n=0}^{3} \frac{f^{(n)}(0)}{n!} x^n$

Berechnen Sie die 3 ersten Ableitungen der Funktion $f(x) = \dfrac{1}{(1+x)^2}$

1. Schritt: $f'(x) = \ldots\ldots\ldots\ldots$

$f''(x) = \ldots\ldots\ldots\ldots$

$f'''(x) = \ldots\ldots\ldots\ldots$

--------------------------------- ▷   16

56

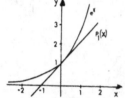

Die Gerade $p_1(x) = 1 + x$ ist die Tangente an die Kurve $y = e^x$ im Punkte $x_0 = 0$.

Der Koeffizient a_1 des Näherungspolynoms $p_1(x) = a_0 + a_1 x = 1 + x$ ist gerade so gewählt, daß diese Bedingung erfüllt ist. Eine bessere Approximation der Funktion $f(x) = e^x$ in der Umgebung des Punktes $x_0 = 0$ liefert das 2. Näherungspolynom

$p_2(x) = 1 + x + \dfrac{x^2}{2}$ Die Funktion $1 + x + \dfrac{x^2}{2}$ ist eine $\ldots\ldots\ldots\ldots$

--------------------------------- ▷   57

97

$\dfrac{1}{\sqrt{1+x}} \approx 1 - \dfrac{x}{2} + \dfrac{3}{8} x^2$

$\dfrac{1}{1-x^2}$ soll im Bereich $0{,}2 < x < 0{,}4$ durch eine Näherung ersetzt werden.

Genauigkeitsanspruch: 10%. Welche Näherung nehmen Sie?

☐ 1. Näherung $\dfrac{1}{1-x^2} \approx \ldots\ldots\ldots\ldots$

☐ 2. Näherung $\dfrac{1}{1-x^2} \approx \ldots\ldots\ldots\ldots$

--------------------------------- ▷   98

$$f'(x) = \frac{-2}{(1+x)^3}$$

$$f''(x) = \frac{6}{(1+x)^4}$$

$$f'''(x) = \frac{-24}{(1+x)^5}$$

Alles richtig ------------------------------ ▷ 23

Fehler ------------------------------ ▷ 17

Die Funktion $p_2(x) = 1 + x + \dfrac{x^2}{2}$ ist eine *Parabel*.

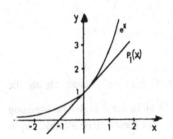

Skizzieren Sie die Parabel

$$p_2(x) = 1 + x + \frac{x^2}{2}$$

------------------------------ ▷ 58

1. Näherung $\dfrac{1}{1-x^2} \approx 1 + x^2$

Näherungen benutzt man auch gern, um spezielle Funktionswerte zu berechnen, wenn man nicht auf Tabellen zurückgreifen kann oder will.

Beispiel: Gesucht sei $e^{0,2}$

1. Näherung für den Funktionswert

$$e^{0,2} = e^{x_0} \approx 1 + x_0 = 1 + 0,2 = \ldots\ldots\ldots\ldots$$

2. Näherung für den Funktionswert

$$e^{0,2} = e^{x_0} \approx 1 + x_0 + \frac{x_0^2}{2} = \ldots\ldots\ldots\ldots$$

------------------------------ ▷ 99

17

Es hilft nichts, wir müssen auf Fehlersuche gehen. Erst wenn der Grund für Schwierigkeiten erkannt ist, können sie behoben werden.

Dies ist eine der schwersten Studiertechniken:

Den Grund für Lernschwierigkeiten identifizieren.

Eine Methode dafür:

Fehler nie – aber auch wirklich nie – auf sich beruhen lassen.

----------------------------- ▷   18

58

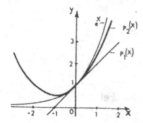

Die Parabel $p_2(x) = 1 + x + \dfrac{x^2}{2}$ schmiegt sich der Kurve $f(x) = e^x$ besser an als die Tangente $p_1(x)$. Die Parabel $p_2(x)$ hat im Punkte $x_0 = 0$ nicht nur die gleiche Steigung wie die Funktion e^x sondern auch die gleiche Krümmung. An dieser Stelle stimmen auch die zweiten Ableitungen beider Funktionen überein:

$f''(0) = \dots\dots\dots$ $p_2''(0) = \dots\dots\dots$ ----------------------------- ▷   59

99

1,20

1,22

Man kann auch Brüche, deren Nenner sich nicht wesentlich von 1 unterscheiden, durch Näherungen bequemer bestimmen. Man muß sie umformen. Beispiel:

$$\frac{1}{0,94} = \frac{1}{1 - 0,06}$$

$\dfrac{1}{1 - 0,06}$ kann dann mit Hilfe der Näherungsformel $\dfrac{1}{1 - x} \approx 1 + x$ bestimmt werden.

$\dfrac{1}{1 - 0,06} = 1 + 0,06 = 1,06$ Wie genau ist die Näherung? Abweichung $< \dots\dots\dots$ %

----------------------------- ▷   100

18

Suchen Sie den Fehler, den Sie bei der Ableitung der Funktion $f(x) = \dfrac{1}{(1+x)^2}$ gemacht

haben. Die Ableitungen sind: $\quad f'(x) = \dfrac{-2}{(1+x)^3}$

$$f''(x) = \dfrac{6}{(1+x)^4}$$

$$f'''(x) = \dfrac{-24}{(1+x)^5}$$

Als Fehler kommen in Betracht:

Flüchtigkeitsfehler $\quad\cdots\cdots\cdots\cdots\cdots\cdots\cdots\cdots\triangleright$ 19

Schwierigkeiten bei der
Bildung von Ableitungen $\quad\cdots\cdots\cdots\cdots\cdots\cdots\cdots\cdots\triangleright$ 20

59

$f''(0) = e^0 = 1$
$p_2''(0) = 1$

Das 3. Näherungspolynom ist $p_3(x) = 1 + x + \dfrac{x^2}{2} + \dfrac{x^3}{3!}$. Es approximiert die Funktion in

der Umgebung von $x = 0$ besser als das vorangehende Näherungspolynom.

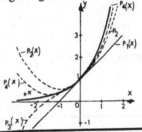

Die Zeichnung zeigt das Bild der Funktion $f(x) = e^x$ mit ihren vier ersten Näherungspolynomen $p_1(x), \ldots, p_4(x)$.

Man erkennt, wie sich mit wachsendem Grad die Polynome in der Umgebung von $x = 0$ immer besser an die Funktion anschmiegen.

$\cdots\cdots\cdots\cdots\cdots\cdots\cdots\cdots\triangleright$ 60

100

Abweichung < 1%

Die Näherungen für $\sqrt{1-x}$ und $\dfrac{1}{\sqrt{1-x}}$ sind in der Tabelle 176 nicht enthalten.

Sie gehen unmittelbar aus den Näherungen für $\sqrt{1+x}$ und $\dfrac{1}{\sqrt{1+x}}$ hervor, wenn Sie x

ersetzen durch $(-x)$. Geben Sie jeweils die 1. und 2. Näherung an:

1. Näherung	2. Näherung
$\sqrt{1-x} \approx \ldots\ldots\ldots$	$\sqrt{1-x} \approx \ldots\ldots\ldots$
$\dfrac{1}{\sqrt{1-x}} \approx \ldots\ldots\ldots$	$\dfrac{1}{\sqrt{1-x}} \approx \ldots\ldots\ldots$

$\cdots\cdots\cdots\cdots\cdots\cdots\cdots\cdots\triangleright$ 101

19

Na ja, kann passieren.

Die Fehlerrate sollte aber nicht eine monoton ansteigende Zeitfunktion werden!

Der Teufel steckt eben immer im Detail.

/

SPRINGEN SIE auf

------------------------------- ▷   23

60

Wir brechen nun die Taylorreihe für die Funktion $f(x) = e^x$ bei $n = 4$ ab.

$$e^x \approx 1 + x + \frac{x^2}{2} + \frac{x^3}{3!} + \frac{x^4}{4!}$$

Der Fehler, den wir machen, wenn die folgenden Glieder nicht berücksichtigt werden, wird im allgemeinen Fall abgeschätzt durch den Ausdruck

$$R_n = \frac{f^{(n+1)}(\xi)}{(n+1)!} \cdot x^{n+1} \qquad \text{Er heißt: } \ldots\ldots\ldots\ldots$$

Wie sieht dieser Ausdruck bei dem hier betrachteten Beispiel ($y = e^x$) aus?

$$R_4 = \ldots\ldots\ldots\ldots$$

------------------------------- ▷   61

101

1. Näherung

$$\sqrt{1-x} \approx 1 - \frac{x}{2}$$

$$\frac{1}{\sqrt{1-x}} \approx 1 + \frac{x}{2}$$

2. Näherung

$$\sqrt{1-x} \approx 1 - \frac{x}{2} - \frac{x}{8}$$

$$\frac{1}{\sqrt{1-x}} \approx 1 + \frac{x}{2} + \frac{3}{8}x^2$$

Alles richtig

------------------------------- ▷   103

Noch Fehler gemacht oder Erläuterung gewünscht

------------------------------- ▷   102

20

In den Koeffzienten $a_n = \dfrac{f^{(n)}(0)}{n!}$ der Taylorreihe treten die höheren Ableitungen

$f^{(n)}(x)$ auf. Zur Berechnung der Taylorreihe von $f(x)$ müssen deshalb zunächst die

höheren Ableitungen $f'(x), f''(x), \ldots, f^{(n)}(x)$ gebildet werden.

Da Ihnen dies noch Schwierigkeiten bereitet, unterbrechen wir zunächst an dieser Stelle. Sehen Sie sich im Lehrbuch auf Seite 125, Kapitel 5, an, wie der Begriff der höheren Ableitung definiert ist.

In unserem Beispiel liegt als Funktion ein Quotient vor. Hier muß nach der Quotientenregel differenziert werden. Im Lehrbuch auf Seite 118 nachsehen:

$$f(x) = \frac{1}{(1+x)^2} \qquad\qquad f'(x) = \ldots\ldots\ldots\ldots$$

-------------------------------- ▷   21

61

Der Rest oder das Restglied von Lagrange $R_4 = \dfrac{e^{\xi}}{5!} x^5 \qquad (0 < \xi < x)$

Wichtig zu wissen ist: Bei der Benutzung von Näherungspolynomen macht man einen Fehler. Dieser Fehler kann beliebig klein gehalten und abgeschätzt werden. Praktisch werden wir diese Fehlerabschätzung später nicht mehr selbst durchführen.

Für den Leser, der gerne noch ein Beispiel zur Fehlerabschätzung rechnen möchte, ist eine Zusatzerläuterung vorgesehen.

Möchte weitergehen   -------------------------------- ▷   65

Möchte das Beispiel zur Fehlerabschätzung   -------------------------------- ▷   62

102

Der Term $\sqrt{1-x}$ entsteht aus dem Term $\sqrt{1+x}$ durch die Substitution $x \to -x$. Ersetzt man in den Näherungsformeln die Variable x durch $-x$, erhält man:

$$\sqrt{(1-x)} = \sqrt{1+(-x)} \approx 1 + \frac{(-x)}{2} = 1 - \frac{x}{2} \quad \text{und} \quad \sqrt{1-x} = 1 + \frac{(-x)}{2} - \frac{(-x)^2}{8} = 1 - \frac{x}{2} - \frac{x^2}{8}$$

Entsprechend gilt:

$$\frac{1}{\sqrt{1-x}} = \frac{1}{\sqrt{1+(-x)}} \approx 1 - \frac{(-x)}{2} = 1 + \frac{x}{2} \quad \text{und} \quad \frac{1}{\sqrt{1-x}} \approx 1 - \frac{(-x)}{2} + \frac{3}{8}(-x)^2 = 1 + \frac{x}{2} + \frac{3}{8}x^2$$

-------------------------------- ▷   103

$$f' = \frac{-2}{(1+x)^3}$$

....

Berechnen Sie die fehlenden Ableitungen:

$$f = \frac{1}{(1+x)^2}$$

$$f' = \frac{-2}{(1+x)^3}$$

$$f'' = \ldots\ldots\ldots\ldots$$

$$f''' = \ldots\ldots\ldots\ldots$$

------------------------------ ▷ 22

Die Taylorreihe der cos-Funktion lautet: $\cos x = 1 - \dfrac{x^2}{2!} + \dfrac{x^4}{4!} - \dfrac{x^6}{6!} + \ldots\ldots$

Will man den Wert der cos-Funktion an der Stelle $x = 1$ berechnen, muß man in der

Taylorentwicklung $x = 1$ setzen: $\cos 1 = 1 - \dfrac{1}{2!} + \dfrac{1}{4!} - \dfrac{1}{6!} + \ldots\ldots$

Bricht man diese Reihe nach dem Glied $n = 2$ ab, läßt sich der Rest der Reihe mit Hilfe des

Lagrange'schen Restgliedes $R_2(1)$ abschätzen: $\cos 1 = 1 - \dfrac{1}{2!} + R_2(1)$

Wie sieht das Restglied aus, wenn es die allgemeine Form hat: $R_n(x) = \dfrac{f^{(n+1)}(\xi)}{(n+1)!} \cdot x^{n+1}$

$$R_n(x) = \ldots\ldots\ldots\ldots$$

$$R_2(1) = \ldots\ldots\ldots\ldots$$

------------------------------ ▷ 63

Für die Funktion $\dfrac{1}{\sqrt{1-x}}$ haben wir die folgende 2. Näherung aufgestellt:

$$\frac{1}{\sqrt{1-x}} \approx 1 + \frac{x}{2} + \frac{3}{8}x^2$$

Wir berechnen damit $\dfrac{1}{\sqrt{0{,}6}} = \dfrac{1}{\sqrt{1-0{,}4}}$

Rechnen Sie den Zahlenwert aus!

$$\frac{1}{\sqrt{1-0{,}4}} \approx \ldots\ldots\ldots\ldots$$

------------------ ▷ 104

22

$$f'' = \frac{6}{(1+x)^4}$$

$$f''' = \frac{-24}{(1+x)^5}$$

Kehren wir nun zu unserer Aufgabe – Entwicklung der Funktion $f(x) = \dfrac{1}{(1+x)^2}$ in eine

Taylorreihe – zurück.

---------------------------------- ▷   23

63

$$R_2(1) = \frac{f^{(3)}(\xi)}{3!} = \frac{+\sin\xi}{3!} \qquad\qquad (0 < \xi < 1)$$

Den genauen Wert für ξ kennen wir nicht. Ganz sicher liegen wir auf der richtigen Seite der Fehlerabschätzung, wenn wir für sin (ξ) den größten Wert einsetzen, den die Sinusfunktion überhaupt annehmen kann – nämlich 1. Damit könnte der Fehler allenfalls als zu groß geschätzt werden.

$$|R_2(1)| = \left|\frac{\sin\xi}{3!}\right| \le \frac{1}{3!} = \frac{1}{6} \approx 0{,}17$$

Der Näherungswert für cos (1) ist: $\cos(1) = 1 - \frac{1}{2} = 0{,}500$. Der Fehler, den man bei dieser Näherung macht, ist also $\le 0{,}17$. Der wahre Wert ist cos (1) = 0,5403 ...

Wie groß ist also die Differenz D zwischen wahrem Wert und Näherungswert für cos (1)?

D = ...

---------------------------------- ▷   64

104

$$\frac{1}{\sqrt{1-0{,}4}} \approx 1 + \frac{0{,}4}{2} + \frac{3}{8}(0{,}4)^2 = 1{,}26$$

Wie genau ist dieser Wert?

☐ Genauer als 1%

☐ Genauer als 10%

☐ Ungenauer als 10%

---------------------------------- ▷   105

23

Die Ableitungen der Funktion $f(x) = \dfrac{1}{(1+x)^2}$ lauteten:

$$f'(x) = \frac{-2}{(1+x)^3} \qquad f''(x) = \frac{6}{(1+x)^4} \qquad f'''(x) = \frac{-24}{(1+x)^5}$$

Setzen wir in den Ableitungen $x = 0$, ergibt sich: $f'(0) = -2$, $f''(0) = 6$, $f'''(0) = -24$

Setzen wir nun diese Werte in die Taylorreihe ein:

$$f(x) = f(0) + f'(0)x + \frac{f''(0)}{2!}x^2 + \frac{f'''(0)}{3!}x^3 + \ldots\ldots$$

$$\frac{1}{(1+x)^2} = \ldots\ldots\ldots\ldots\ldots$$

---------------------------------- ▷ 24

64

$D = 0{,}5403 - 0{,}5000 = 0{,}0403$

Die Näherung kann durch Hinzunahme eines weiteren Gliedes verbessert werden.

$$\cos x \approx 1 - \frac{x^2}{2} + \frac{x^4}{4!}$$

Für $x = 1$ erhalten wir: $\cos 1 \approx 1 - 0{,}5 + \dfrac{1}{24} = 0{,}5417$

Das ist eine bessere Näherung ($\cos 1 = 0{,}5403 \ldots$)

Die verbleibende Differenz ist

$$D = \ldots\ldots\ldots\ldots$$

---------------------------------- ▷ 65

105

Genauer als 10%

Berechnen Sie den Wert $\sqrt{1{,}4}$ mit einer Näherung auf 1% genau.

$$\sqrt{1{,}4} \approx \ldots\ldots\ldots\ldots$$

Lösung gefunden

---------------------------------- ▷ 108

Hilfe erwünscht

---------------------------------- ▷ 106

$$\frac{1}{(1+x)^2} = 1 - 2x + \frac{6}{2!}x^2 - \frac{24}{3!}x^3 + \cdots\cdots$$

$$= 1 - 2x + 3x^2 - 4x^3 + \cdots\cdots$$

Hinweis: Meistens reicht das Berechnen der ersten 3 bis 4 Glieder einer Taylorreihe schon aus, um auf die Form der *ganzen* Reihe schließen zu können. In unserem Falle vermutet man mit Recht, daß sich die Reihe wie folgt fortsetzt:

$$\frac{1}{(1+x)^2} = 1 - 2x + 3x^2 - 4x^3 + 5x^4 - 6x^5 + 7x^6 + \cdots\cdots$$

------------------------------- ▷ 25

D = 0,0014

PAUSE

------------------------------- ▷ 66

Zu berechnen ist $\sqrt{1,4}$

Maximaler Fehler: 1%

1. Wir wenden den eben geübten Trick an und formen $\sqrt{1,4}$ so um, daß ein Ausdruck entsteht, für den wir eine Näherung angeben können.

    $$\sqrt{1,4} = \sqrt{1+0,4} \,\hat{=}\, \sqrt{1+x}$$

2. Genauigkeitsabschätzung: x = 0,4
    Nach der Tabelle (Seite176) ist für die 1. Näherung der Bereich mit der geforderten Genauigkeit von 1% $0 < x < 0,30$
    Unser x-Wert liegt nicht mehr in diesem Bereich.
    Die 2. Näherung ist auf 1% genau im Bereich $0 < x < 0,60$
    Unser x-Wert liegt in diesem Bereich.

------------------------------- ▷ 107

25

Wir betrachten die in diesem Kapitel ganz am Anfang behandelte Gleichung.

$$\frac{1}{1-x} = 1 + x + x^2 + x^3 + \cdots.$$

Wir ersetzen die Variable x durch $(-x)$ und erhalten eine neue Reihe:

$$\frac{1}{1-(-x)} = 1 + (-x) + (-x)^2 + (-x)^3 + \cdots$$

$$\frac{1}{1+x} = 1 - x + x^2 - x^3 + \cdots$$

Die Potenzreihe der Funktion e^x lautet $e^x = 1 + x + \frac{x^2}{2!} + \frac{x^3}{3!} + \cdots$

Bestimmen Sie analog die Potenzreihe für $f(x) = e^{-x}$

$e^{-x} = \ldots\ldots\ldots\ldots$ ------------------------------- ▷ 26

66

Allgemeine Taylorreihenentwicklung

In diesem Abschnitt wird gezeigt, daß eine Potenzreihenentwicklung an jeder beliebigen Stelle einer Funktion möglich ist.

STUDIEREN SIE im Lehrbuch   7.5 Allgemeine Taylorreihenentwicklung

Lehrbuch, Seite 172 - 173

BEARBEITEN SIE danach   ------------------------------- ▷   67

107

Wir berechnen $\sqrt{1,4}$ mit der 2. Näherung:

$$\sqrt{1,4} = \sqrt{1 + 0,4} \approx 1 + \frac{0,4}{2} - \frac{(0,4)^2}{8}$$

$$= \ldots\ldots\ldots\ldots\ldots$$

------------------------------- ▷ 108

26

$$e^{-x} = 1 - x + \frac{x^2}{2!} - \frac{x^3}{3!} + \frac{x^4}{4!} - \dots\dots\dots$$

Die Funktion $\ln(1+x)$ soll an der Stelle $x = 0$ in eine Taylorreihe entwickelt werden. Die Reihe soll bis zum Gliede n = 3 berechnet werden.

Welche Rechenschritte sind dazu erforderlich?

1. . . . .

2. . . . .

3. . . . .

------------------------------- ▷ 27

67

Anhand des Lehrbuchs soll ein Beispiel für die Taylorentwicklung an einer beliebigen Stelle durchgerechnet werden.

Gegeben sei die Funktion $y = f(x) = e^x$. Sie soll im Punkte $x_0 = 1$ in eine Taylorreihe entwickelt werden.

Analog zum Lehrbuch führen wir zunächst eine Hilfsvariable u ein.

$u = $ . . . .

$x = $ . . . .

------------------------------- ▷ 68

108

$\sqrt{1{,}4} \approx 1{,}18$

Rechnen Sie bitte morgen oder übermorgen mindestens eine von den Übungsaufgaben 7.5.1. C auf Seite 176.

------------------------------- ▷ 109

27

1. Wir bilden die Ableitungen $f'(x), f''(x), f'''(x)$.

2. Wir ermitteln die Werte $f'(0), f''(0), f'''(0)$.

3. Wir setzen in die Gleichung ein: $f(x) = f(0) + f'(0)x + \dfrac{f''(0)}{2!}x^2 + \dfrac{f'''(0)}{3!}x^3 + \ldots\ldots$

1. Schritt: 2. Schritt:

$f'(x)$ = ... $f'(0)$ = ...

$f''(x)$ = ... $f''(0)$ = ...

$f'''(x)$ = ... $f'''(0)$ = ...

3. Schritt: $\ln(1+x) =$ . . . .

-------------------------------- ▷   28

68

$u = x - 1$

$x = u + 1$ (Im Lehrbuch steht: $u = x - x_0$,   hier ist $x_0 = 1$)

Substituieren Sie mit $x = u + 1$:

$f(x) = e^x =$ . . . .

-------------------------------- ▷   69

109

Wiederholungstechniken sind besonders wichtig bei einer Prüfungsvorbereitung.

Ich möchte etwas über Prüfungen und Prüfungsvorbereitung erfahren -------------- ▷ 110

Meine nächste Prüfung werde ich erst in einigen Semestern machen.
Ich möchte weitergehen   -------------------------------- ▷ 115

28

$$f'(x) = \frac{1}{1+x} \qquad\qquad f'(0) = 1$$

$$f''(x) = \frac{-1}{(1+x)^2} \qquad\qquad f''(0) = -1$$

$$f'''(x) = \frac{2}{(1+x)^3} \qquad\qquad f'''(0) = 2$$

$$\ln(1+x) = x - \frac{x^2}{2} + \frac{x^3}{3} - \dotsi\dotsi\dotsi$$

Alles richtig ------------------------------------ ▷ 33

Fehler gemacht oder Erläuterung erwünscht ------------------ ▷ 29

69

e^{u+1}

Die Funktion $f(x) = e^x$ sollte an der Stelle $x_0 = 1$ entwickelt werden. Durch die

Substitution $x = u + 1$ haben wir die gleichwertige Funktion e^{u+1} gewonnen. Wir nennen diese Funktion $g(u)$. Die Variable u hat an der Stelle $x_0 = 1$ den Wert $u = 0$. Folglich muß die Funktion $g(u) = e^{u+1}$ an der Stelle $u = 0$ entwickelt werden. Dies haben wir bereits früher geübt. Welche Arbeitsschritte sind dazu erforderlich?

1. ....

2. ....

3. ....

------------------------------------ ▷ 70

110

Prüfungen und Prüfungsvorbereitungen

Die Diskussion über Prüfungen reicht von Vorschlägen zur völligen Abschaffung bis zu Vorschlägen zur Verschärfung der Kontrollen und Leistungsnachweise.

Wir führen hier keine Argumentation pro und contra. Sicher ist, daß Sie sich mit der Problematik von Prüfungen auseinandersetzen müssen.

Prüfungsvorbereitungen stehen meistens unter Zeitdruck. Dieser Umstand ist teils individuell, teils institutionell bedingt.

Wir möchten hier einige – möglicherweise triviale – Ratschläge geben, die den Streß von Prüfungssituationen vermindern können.

------------------------------------ ▷ 111

29

1. Schritt: Berechnung der ersten drei Ableitungen von $f(x) = \ln(1+x)$. Wir benutzen die Kettenregel (Seite 119 und 124 im Lehrbuch)

$$f(x) = \ln(1+x) = \ln(g); \quad g(x) = 1+x$$

$$f'(x) = \frac{1}{g} g' = \frac{1}{1+x} \cdot 1 \qquad \text{(Kettenregel, Ableitung der Logarithmusfunktion)}$$

$$f''(x) = -\frac{1}{(1+x)^2} \qquad \text{(Quotientenregel)}$$

$$f'''(x) = \ldots\ldots\ldots\ldots$$

----------------------------------- ▷ 30

70

1. Wir bilden die Ableitungen $g'(u)$, $g''(u)$ ....
2. Wir ermitteln den Wert der Ableitungen im Punkte $u = 0$
3. Wir setzen die Werte $g'(0)$, $g''(0)$ ... in die Formel ein:

$$\sum_{n=0}^{\infty} \frac{g^{(n)}(u)}{n!} u^n \qquad \text{Hinweis: Hier sind Bezeichnungen gewechselt.}$$

Berechnen Sie nun die ersten Glieder der Taylorreihe der Funktion $g(u) = e^{u+1}$ an der Stelle $u = 0$.

$$g(u) = e^{u+1} = \ldots\ldots\ldots\ldots$$

----------------------------------- ▷ 71

111

Der Erfolg einer Prüfung hängt zum großen Teil von einer sorgfältigen Planung ab. Dazu muß man sich zunächst folgendes überlegen:

a) Welche Anforderungen werden in der Prüfung gestellt?

b) Welche Anforderungen davon erfülle ich bereits?

c) Welche Qualifikationen (Kenntnisse) fehlen mir noch?

Danach wird man zunächst abschätzen, welcher Zeitaufwand notwendig ist, um die gewünschten Kenntnisse zu erwerben. Es empfiehlt sich, den geschätzten Zeitaufwand zu verdoppeln, da man meistens den Arbeitsaufwand erheblich unterschätzt und außerdem unbedingt eine Sicherheitsreserve benötigt. Man ahnt nicht, was alles dazwischen kommt.

----------------------------------- ▷ 112

30

$$f'''(x) = \frac{2}{(1+x)^3}$$

2. Schritt: Wir ermitteln die Werte für $x = 0$:

$$f(0) = \ln(1+0) = 0 \qquad f'(0) = \frac{1}{1+0} = 1$$

$$f''(0) = -\frac{1}{(1+0)^2} = -1 \qquad f'''(0) = \frac{2}{(1+0)^3} = 2$$

3. Schritt: Einsetzen in die Formel für die Potenzreihenentwicklung.

$$f(x) = \ln(1+x) \approx \dots\dots\dots$$

---------------------------------- ▷   31

71

$$g(u) = e^{u+1} = e + \frac{e}{1!}u + \frac{e}{2!}u^2 + \frac{e}{3!}u^3 + \dots\dots\dots$$

Stimmt Ihr Ergebnis hiermit überein?

Ja

---------------------------------- ▷   73

Nein

---------------------------------- ▷   72

112

Anhand des geschätzten Zeitaufwandes wird man einen schriftlichen Studienplan für die Prüfungsvorbereitung aufstellen. Er dient dazu, den Lehrstoff richtig auf die zur Verfügung stehende Zeit zu verteilen. Viel schwieriger als das Aufstellen des Studienplans ist es, ihn halbwegs einzuhalten. Denn je weiter ein Ereignis (z.B. Prüfung) zeitlich entfernt ist, desto weniger ernst wird es genommen. Anhand des Plans läßt sich aber kontrollieren, inwieweit „Ist-Zustand" und „Soll-Zustand" jeweils übereinstimmen.

Wie soll nun die Prüfungsvorbereitung aussehen?

---------------------------------- ▷   113

31

$$\ln(1 + x) \approx x - \frac{x^2}{2} + \frac{x^3}{3}$$

Bezeichnungswechsel:

$$\ln(1 + v) = \ldots\ldots\ldots\ldots$$

▷ 32

72

Rechengang: Die Ableitungen der Funktion $g(u) = e^{u+1}$ lauten:

$$g'(u) = g''(u) = , \cdots, = g^{(n)}(u) = e^{u+1}.$$

Somit gilt: $\qquad g'(0) = g''(0) = , \cdots, = g^{(n)}(u) = e^1 = e$

Setzt man diese Werte in die allgemeine Formel für die Taylorreihen ein, ergibt sich:

$$g(u) = e^{u+1} = \sum_{n=0}^{\infty} \frac{g^{(n)}(u)}{n!} u^n$$

$$= e + \frac{e}{1!} u + \frac{e}{2!} u^2 + \frac{e}{3!} u^3 + \cdots$$

▷ 73

113

Wir setzen voraus, daß ein Exzerpt des Lehrgangs oder des Lehrbuchs vorliegt. Dann kann kapitelweise wiederholt werden.

1. Schritt: aktive Reproduktion.

2. Schritt: Kontrolle anhand des Exzerptes.

3. Schritt: Lösung von Übungsaufgaben und Problemen.

4. Schritt: Eventuelle Vertiefung einzelner Gebiete.

Eine günstige Arbeitstechnik ist die gemeinsame Vorbereitung in einer kleineren Gruppe. Die Verbalisierung von Begriffsbedeutungen und Zusammenhängen festigt das aktive Wissen.

Die nächsthöhere Stufe ist die Lösung von Aufgaben- und Fragesammlungen.

Die Arbeit in einer Gruppe erlaubt Ihnen u.a. eine Einschätzng Ihres Wissensstandes im Vergleich zu den anderen Kommilitonen in Ihrer Gruppe.

▷ 114

32

$$\ln(1+v) \approx v - \frac{v^2}{2} + \frac{v^3}{3} - \ldots\ldots\ldots$$

Und nun weiter.

Alles o.k.?

────────────────────────── ▷ 33

73

Die Taylorreihe der Funktion $g(u) = e^{u+1}$ im Punkte $u = 0$ lautete:

$$e^{u+1} = e + \frac{e}{1!}u + \frac{e}{2!}u^2 + \frac{e}{3!}u^3 + \ldots\ldots\ldots$$

Damit haben wir eine Potenzreihe für u. Wir wollen aber eine Potenzreihe für x.

Rücksubstitution:

Wir können nun mit $u = x - 1$ die Variable u eliminieren und durch x ersetzen.

$$f(x) = e^x = \ldots\ldots\ldots$$

────────────────────────── ▷ 74

114

Mindestanforderung: Kenntnis der vermittelten Begriffe und Zusammenhänge.

Dies sind Voraussetzungen für eine Vertiefung des angebotenen Stoffgebietes.

Fähigkeiten zur Darstellung und Lösung von Problemen, das Aufzeigen von Parallelen zu anderen Fachbereichen bringen überdurchschnittliche Ergebnisse – für Sie selbst und in der Bewertung Ihrer Leistung durch den Prüfer.

────────────────────────── ▷ 115

33

Gegeben sei $g(u) = \sin u$

Allgemeine Form der Taylorreihe

$$g(u) = \sum_{n=0}^{\infty} \underline{\quad\quad}$$
$$\text{........}$$

$\sin u = \ldots\ldots\ldots\ldots$

-------------------------------- ▷   34

74

$$f(x) = e^x = e + \frac{e}{1!}(x-1) + \frac{e}{2!}(x-1)^2 + \frac{e}{3!}(x-1)^3 + \cdots$$

Dies ist die Taylorentwicklung der Funktion $f(x) = e^x$ an der Stelle $x_0 = 1$.

Erläuterung der Rechnung   -------------------------------- ▷   75

Weiter   -------------------------------- ▷   76

115

Integration über Potenzreihenentwicklung

STUDIEREN SIE im Lehrbuch   7.6.2   Integration über Potenzreihenentwicklung
                                    Lehrbuch, Seite 177 - 178

BEARBEITEN SIE danach   -------------------------------- ▷   116

34

$$g(u) = \sum_{n=0}^{\infty} \frac{g^{(n)}(0)}{n!} u^n$$

$$\sin u = u - \frac{u^3}{3!} + \frac{u^5}{5!} \ldots \ldots \ldots$$

--------------------------------- ▷ 35

75

Die Taylorentwicklung für $g(u) = e^{u+1}$ lautete

$$e^{u+1} = e + \frac{e}{1!} u + \frac{e}{2!} u^2 + \frac{e}{3!} u^3 +$$

Wir ersetzen in dieser Darstellung jeweils u durch $(x-1)$ und erhalten

$$e^x = e + \frac{e}{1!}(x-1) + \frac{e}{2!}(x-1)^2 + \frac{e}{3!}(x-1)^3 + \cdots$$

Wir haben hier die Funktion e^x nach Potenzen von $(x-1)$ entwickelt, d.h. die Reihe ist die Taylorentwicklung der Funktion $f(x) = e^x$ an der Stelle $x = 1$.

--------------------------------- ▷   76

116

Integrieren Sie über eine Potenzreihenentwicklung, indem Sie die 2. Näherung benutzen:

$$\int \frac{dx}{\sqrt{1+x}} \approx \ldots \ldots \ldots \ldots$$

--------------------------------- ▷   117

35

Die Potenzreihe, die bei der Entwicklung einer Funktion entsteht, konvergiert nicht immer für alle x-Werte. Der Konvergenzbereich der Reihe läßt sich ermitteln – zwei Beispiele sind in der Anmerkung 1 im Lehrbuch auf Seite 168 angegeben.

Die sehr wichtigen Reihen für e^x, e^{-x}, $\sin x$, $\cos x$ konvergieren für beliebig große x.

Hier wird ein weiteres Beispiel ausführlich durchgerechnet. Sie können es überschlagen, denn praktisch werden Sie die Rechnung später nicht benötigen.

Beispiel ------------------------------- ▷   36

Will weiter ------------------------------- ▷   39

76

Die Substitution $u = x - 1$ hat eine geometrische Bedeutung: Verschiebung des Koordinatensystems. Entscheiden Sie selbst, ob Sie diese geometrische Bedeutung interessiert.

Will weiter ------------------------------- ▷   78

Geometrische Bedeutung der Substitution $u = x - 1$ ------------------------- ▷   77

117

$$\int \frac{dx}{\sqrt{1+x}} \approx x - \frac{x^2}{4} + \frac{x^3}{8} + C$$

Haben Sie dies Ergebnis?

Ja ------------------------------- ▷   120

Nein ------------------------------- ▷   118

36

Der Konvergenzbereich der folgenden Potenzreihe soll bestimmt werden.

$$\ln(1+x) = x - \frac{x^2}{2} + \frac{x^3}{3} - \frac{x^4}{4} \cdots\cdots \pm \frac{x^n}{n} \cdots$$

Diese Reihe konvergiert für alle x, die der Ungleichung genügen. $x < R = \lim\limits_{n\to\infty} \left| \dfrac{a_n}{a_{n+1}} \right|$

(Anmerkung Lehrbuch, Seite 168)

Berechnen Sie zunächst den Betrag des Quotienten der Koeffizienten dieser Reihe:

$$\left| \frac{a_n}{a_{n+1}} \right| = \ldots\ldots\ldots\ldots$$

-------------------------------- ▷ 37

77

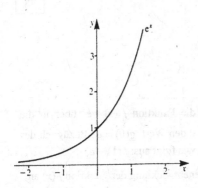

Gegeben war die Funktion $f(x) = e^x$. Diese sollte im Punkte $x_0 = 1$ in eine Taylorreihe entwickelt werden. Zu diesem Zwecke führten wir die Hilfsvariable $u = x - 1$ ein. Dies bedeutet geometrisch den Übergang zu einem u-y-Koordinatensystem, das in Richtung der positiven x-Achse um eine Einheit gegen das x-y-System verschoben ist. Die neue Koordinate u hat damit an der Stelle $x_0 = 1$ den Wert $u = 0$.

Zeichnen Sie links das verschobene Koordinatensystem ein.

-------------------------------- ▷ 78

118

Rechengang: Die Näherung für die Funktion $\dfrac{1}{\sqrt{1+x}}$ lautete: $\dfrac{1}{\sqrt{1+x}} \approx 1 - \dfrac{x}{2} + \dfrac{3}{8}x^2$

Integrieren wir beide Seiten dieser Gleichung, erhalten wir:

$$\int \frac{dx}{\sqrt{1+x}} \approx \int (1 - \tfrac{x}{2} + \tfrac{3}{8}x^2)\ dx = x - \frac{1}{4}x^2 + \frac{1}{8}x^3 + C$$

Geben Sie nach demselben Verfahren eine Näherung des Integrals $\int \dfrac{dx}{1-x^2}$ an.

Approximieren Sie die Funktion $\dfrac{1}{1-x^2}$ anhand der Tabelle durch die 2. Näherung.

$$\frac{1}{1-x^2} \approx \ldots\ldots\ldots\ldots \qquad\qquad \int \frac{dx}{1-x^2} \approx \ldots\ldots\ldots\ldots$$

-------------------------------- ▷ 119

37

$$\left|\frac{a_n}{a_{n+1}}\right| = \frac{n+1}{n}$$

Bestimmen Sie nun den Grenzwert des obigen Ausdrucks für $n \to \infty$!

$$\lim_{n\to\infty} \frac{a_n}{a_{n+1}} = \lim_{n\to\infty} \frac{n+1}{n} = \ldots\ldots\ldots\ldots$$

---------------------------------- ▷ 38

78

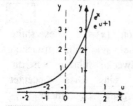

Bei der Verschiebung des Koordinatensystems geht die Funktion $f(x) = e^x$ über in die Funktion $g(u) = e^{u+1}$. Diese hat z.B. an der Stelle $u = 0$ den Wert $g(0) = e$. Bezüglich des x-y-Koordinatensystems drückt sich dieser Sachverhalt wie folgt aus: $f(1) = e$

Es gilt also: $f(x) = e^x = g(u) = e^{u+1}$. Die Taylorreihenentwicklung der Funktion $f(x)$ an der Stelle $x_0 = 1$ ist dann identisch mit der Entwicklung der Funktion $g(u)$ an der Stelle $u_0 = 0$.

---------------------------------- ▷ 79

119

$$\frac{1}{1-x^2} \approx 1 - x^2 + x^4$$

$$\int \frac{dx}{1-x^2} \approx \int (1 + x^2 + x^4)\ dx$$

$$= \int dx + \int x^2 dx + \int x^4 dx$$

$$= x + \frac{x^3}{3} + \frac{x^5}{5} + C$$

---------------------------------- ▷ 120

38

$$\lim_{n\to\infty} \frac{n+1}{n} = \lim_{n\to\infty}\left(1+\frac{1}{n}\right) = 1$$

Damit haben wir den Konvergenzbereich der Taylorreihe der Funktion ln (1+x) bestimmt.

$$x < \lim_{n\to\infty}\left|\frac{a_n}{a_{n+1}}\right| = \lim_{n\to\infty}\frac{n+1}{n} = 1$$

Die Reihe konvergiert also im Bereich - 1 < x < 1.

Über das Verhalten der Reihe in den Endpunkten des Konvergenzbereichs sagt das Konvergenzkriterium nichts aus. Hier kann die Reihe nämlich divergieren oder konvergieren.

Die Reihe *konvergiert* für $x = 1$

Die Reihe *divergiert* für $x = -1$

Im letzten Fall erhalten wir die *harmonische Reihe*. ------------------------------- ▷ 39

79

Wir wollen nun noch ein Beispiel zur Taylorreihenentwicklung an einer Stelle $x_0 \neq 0$ rechnen, und dabei direkt die Formel auf Seite 173 benützen.

Die Funktion $f(x)$ soll an der Stelle $x_0 \neq 0$ in eine Taylorreihe entwickelt werden. Welche Form hat dann diese Reihe?

Schauen Sie im Zweifel im Lehrbuch nach.

$f(x) = \ldots\ldots\ldots\ldots$

------------------------------- ▷ 80

120

Zum Abschluß noch ein vertrautes Beispiel:

Die Taylorentwicklung der Funktion $y = e^x$ lautet:

$$e^x = 1 + \frac{x}{1!} + \frac{x^2}{2!} + \frac{x^3}{3!} + \ldots\ldots\ldots\ldots$$

Berechnen Sie $\int e^x dx$ über diese Reihenentwicklung und vergleichen Sie die dabei entstehende Reihe mit der Ausgangsreihe

$$\int e^x dx = \ldots\ldots\ldots\ldots$$

------------------------------- ▷ 121

Weitere Aufgaben für das Entwickeln einer Funktion in eine Taylorreihe finden Sie im Lehrbuch auf Seite 179.

------------------------------ ▷ 40

80

$$f(x) = f(x_0) + f'(x_0)(x - x_0) + \frac{f''(x_0)}{2!}(x - x_0)^2 + \cdots$$

Setzt man in dieser Taylorentwicklung $x_0 = 0$, erhält man wieder die bislang betrachtete Form der Taylorreihe.

Gegeben sei die Funktion $f(x) = \sin x$. Diese soll an der Stelle $x_0 = \frac{\pi}{2}$ in eine Taylorreihe bis zum Gliede $n = 4$ entwickelt werden. Welche Arbeitsschritte sind dazu erforderlich?

1. . . . .

2. . . . .

3. . . . .

------------------------------ ▷ 81

121

$$\int e^x \, dx = \int \left(1 + x + \frac{x^2}{2!} + \frac{x^3}{3!} + \cdots \right) dx$$

$$= x + \frac{x^2}{2} + \frac{x^3}{2!3} + \frac{x^4}{3!4} + \frac{x^5}{4!5} + \cdots + C^*$$

$$= x + \frac{x^2}{2} + \frac{x^3}{3!} + \frac{x^4}{4!} + \frac{x^5}{5!} + \cdots + C^*$$

Vergleichen wir mit dem erwarteten Ergebnis:

$$\int e^x \, dx = \int e^x \, dx = 1 + x + \frac{x^2}{2} + \frac{x^3}{3!} + \frac{x^4}{4!} + \cdots + C$$

Beide Ergebnisse sind identisch, wenn wir für die beliebig wählbaren Integrationskonstanten setzen: $C^* = C + 1$

------------------------------ ▷ 122

Es folgen jetzt Hinweise über die zweckmäßige Wiederholung von Lerninhalten. Diese Hinweise gelten allgemein – nicht nur für das Studium der Mathematik. Dabei werden zuerst experimentelle Befunde über das Behalten von verschiedenen Sachverhalten mitgeteilt.

Wiederholungstechniken   ------------------------------ ▷ 41

Wiederholungstechniken bekannt, will mit den Potenzreihen fortfahren   ------------ ▷ 50*

* Lehrschritt 50 finden Sie auf der **Mitte der Seite**   unterhalb Lehrschritt 9.
BLÄTTERN SIE ZURÜCK   ------------------------------ ▷ 50

1. Wir bilden die Ableitungen   2. Wir ermitteln die Werte der Ableitungen für $x_0 = \dfrac{\pi}{2}$

3. Wir setzen die Werte $f'(\frac{\pi}{2}), \cdots, f^{(4)}(\frac{\pi}{2})$ in die Formel ein: $\displaystyle\sum_{n=0}^{\infty} \frac{f^{(n)}(\frac{\pi}{2})}{n!} (x - \frac{\pi}{2})^n$

Die ersten Ableitungen der Funktion $f(x) = \sin x$ lauten:

$f'(x) = \cos x$ $f''(x) = -\sin x$
$f'''(x) = -\cos$ $f^4(x) = \sin x$

Berechnen Sie die Werte der Ableitungen an der Stelle $x = \frac{\pi}{2}$

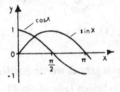

$f'(\frac{\pi}{2}) = \ldots\ldots\ldots$ $f''(\frac{\pi}{2}) = \ldots\ldots\ldots$
$f'''(\frac{\pi}{2}) = \ldots\ldots\ldots$ $f^4(\frac{\pi}{2}) = \ldots\ldots\ldots$

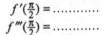

------------------------------ ▷ 82

Weitere Aufgaben finden Sie auf Seite 179 des Lehrbuches. Vor Prüfungen oder Klausuren sollten Sie diese Aufgaben zu rechnen versuchen.

------------------------------ ▷ 123

41

Gedächtnisexperimente wurden zuerst von Ebbinghaus 1885 durchgeführt.

Zunächst wird ein Gedächtnisinhalt eingelernt (sinnlose Silben, Zahlenreihen, Begriffe, Definitionen oder mathematische Aussagen).

Nach einer Zeitspanne wird dann untersucht, wie weit die Gedächtnisinhalte noch vorhanden sind. Dabei lassen sich folgende Methoden unterscheiden.

Freie Reproduktion: Die Versuchsperson muß ohne Hilfe frei reproduzieren, was sie behalten hat.

Wiederlernen: Es wird die Zeit gemessen, die die Versuchsperson braucht, um den Lernstoff wieder neu zu lernen. Diese Lernzeit liegt zwischen 0 und der ursprünglichen Lernzeit.

Wiedererkennung: Hier wird gemessen, welcher Prozentsatz des ursprünglichen Gedächtnismaterials wiedererkannt wird.

Jetzt geht es weiter mit den Lehrschritten auf **der Mitte der Seiten.**

BLÄTTERN SIE ZURÜCK

-------------------------------- ▷ 42

82

$$f(\tfrac{\pi}{2}) = 1 \qquad f'(\tfrac{\pi}{2}) = 0 \qquad f''(\tfrac{\pi}{2}) = -1$$

$$f'''(\tfrac{\pi}{2}) = 0 \qquad f^{(4)}(\tfrac{\pi}{2}) = 1$$

Setzen Sie nun diese Werte in die Formel ein:

$$f(x) = \sum_{n=0}^{\infty} \frac{f^{(n)}(\tfrac{\pi}{2})}{n!} (x - \tfrac{\pi}{2})^n$$

$$f(x) = \sin x = \ldots\ldots\ldots\ldots$$

Jetzt geht es weiter mit den Lehrschritten im **unteren Drittel der Seiten.**

Sie finden Lehrschritt 83 unterhalb der Lehrschritte 1 und 43.

BLÄTTERN SIE ZURÜCK

-------------------------------- ▷ 83

123

Sie haben das   des Kapitels erreicht.

Kapitel 8

Komplexe Zahlen

1

Hier zunächst eine kurze Wiederholung des vorhergehenden Kapitels.

Nennen Sie in Stichworten die drei wichtigsten Punkte aus dem Kapitel 7 „Taylorreihen und Potenzreihenentwicklung"

1. . . . .

2. . . . .

3. . . . .

-------------------------------- ▷   2

32

$$-\frac{1}{2}\sqrt{3} - 2i$$

Noch eine Division

$z_1 = 8 + 7i$ $z_2 = 3 + 4i$

Gesucht $\dfrac{z_1}{z_2} =$ . . . .

Lösung gefunden   -------------------------------- ▷   34

Hilfe erwünscht   -------------------------------- ▷   33

63

$w = e^{\gamma t} \cdot e^{i\omega t}$

$w = e^{\gamma t}(\cos\omega t + i\sin\omega t)$

Schreiben Sie getrennt Realteil und Imaginärteil.

Realteil: . . . .

Imaginärteil: . . . .

-------------------------------- ▷   64

$\boxed{2}$

1. Eine Funktion $f(x)$ ist einer unendlichen Potenzreihe der Form $a_0 + a_1 x + a_2 x^2 \cdots$ äquivalent.

2. Die Koeffizienten der Potenzreihe lasssen sich bestimmen, wenn man die Ableitungen von $f(x)$ kennt.

$$a_n = \frac{f^{(n)}}{n!}$$

3. Mit Hilfe der Potenzreihen lassen sich Näherungspolynome für Funktionen bilden.

-------------------------------- ▷   3

$\boxed{33}$

Um komplexe Zahlen zu dividieren, müssen wir zunächst den Nenner zu einer reellen Zahl machen. Wir wissen bereits, daß das Produkt einer komplexen Zahl mit ihrer konjugiert komplexen immer eine reelle Zahl ergibt. Also erweitern wir den Bruch mit der konjugiert komplexen des Nenners.

$$\frac{z_1}{z_2} = \frac{z_1 \cdot z_2^*}{z_2 \cdot z_2^*} = \frac{(8+7i) \cdot (3-4i)}{(3+4i) \cdot (3-4i)} = \frac{(8+7i) \cdot (3-4i)}{9+16} = \ldots\ldots\ldots\ldots$$

-------------------------------- ▷   34

$\boxed{64}$

Realteil: $\qquad e^{\gamma t} \cdot \cos(\omega t)$

Imaginärteil : $\quad e^{\gamma t} \cdot \sin(\omega t)$

Skizzieren Sie den Graphen des Realteils der Funktion

$$w = e^{\gamma t} \cdot e^{i\omega t} = e^{\gamma t} (\cos \omega t + i \sin \omega t)$$

a) $\gamma > 0$ \qquad\qquad\qquad\qquad b) $\gamma < 0$

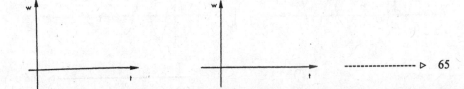

-------------------------------- ▷   65

3

Definition und Eigenschaften der komplexen Zahlen

Die praktische Bedeutung der komplexen Zahlen liegt darin, daß sie die Lösung von Differentialgleichungen erleichtern werden, besonders von Differentialgleichungen, die bei Schwingungsproblemen auftreten.

STUDIEREN SIE im Lehrbuch   8.1 Definition und Eigenschaften der komplexen
                                       Zahlen
                                       Lehrbuch, Seite 183 - 186

BEARBEITEN SIE danach   -------------------------------- ▷   4

34

2,08 - 0,44i

So, und nun haben Sie wirklich einen erheblichen Fortschritt gemacht und sich eine Pause redlich verdient.

------------------------------ ▷   35

65

Der Realteil von $w(t) = e^{\gamma t}(\cos(\omega t) + i\sin(\omega t))$ ist: $e^{\gamma t} \cdot \cos\omega t$

Sein Graph stellt dar:

a) $\gamma > 0$ angefachte Kosinusschwingung   b) $\gamma < 0$ gedämpfte Kosinusschwingung

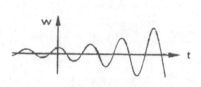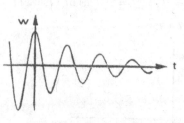

------------------------------ ▷   66

4

Welche der folgenden Zahlen ist eine *imaginäre* Zahl?

☐ i^2 --- ▷   5

☐   4i   --- ▷   7

☐   4 + 4i   --- ▷   6

35

Komplexe Zahlen in der Gaußschen Zahlenebene

STUDIEREN SIE im Lehrbuch   8.2 Komplexe Zahlen in der
                                           Gaußschen Zahlenebene
                                           Lehrbuch, Seite 186 - 188

BEARBEITEN SIE DANACH Lehrschritt   --------------------------------- ▷   36

66

Skizzieren Sie jetzt den Imaginärteil von $w = e^{\gamma t} \cdot e^{i\omega t} = e^{\gamma t}\left(\cos\omega t + i\sin\omega t\right)$

a) $\gamma > 0$ b) $\gamma < 0$

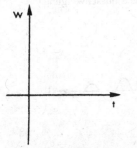
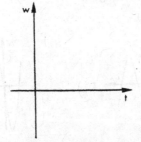

                                                    --------------------- ▷   67

5

Hier haben Sie einen Fehler gemacht.

i ist eine imagniäre Zahl aber es gilt $i^2 = -1$. Die Zahl -1 ist reell.

Noch einmal:

Welche der folgenden Zahlen ist eine *imaginäre* Zahl?

☐   4i

-------------------------------- ▷   7

☐   4 + 4i

-------------------------------- ▷   6

36

Zeichnen Sie den Punkt P(z) ein, der zu der komplexen Zahl gehört.

$z = 1 - 2i$

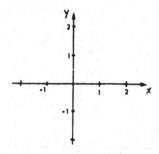

-------------------------------- ▷   37

67

Der Imaginärteil von $w = e^{\gamma t}\left(\cos\omega t + i\sin\omega t\right)$ ist: $e^{\gamma t} \cdot \sin\omega t$

Sein Graph stellt dar

a) $\gamma > 0$ angefachte Sinusschwingung

b) $\gamma < 0$ gedämpfte Sinusschwingung

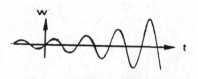

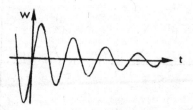

58

6

Beinahe richtig, aber nicht ganz.

$4 + 4i$ ist eine *komplexe* Zahl. Sie besteht aus der reellen Zahl 4 und der *imaginären* Zahl $4i$.
$4i$ ist eine *imaginäre* Zahl.

---------------------------------- ▷   7

37

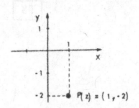

Zeichnen Sie die Punkte für

die drei komplexen Zahlen

$z_1 = 1 + i$
$z_2 = -2 + i$
$z_3 = -2i$

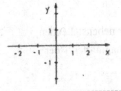

---------------------------------- ▷ 38

68

Multiplikation und Division komplexer Zahlen
Potenzieren und Wurzelziehen komplexer Zahlen
Periodizität von e^{ia}

STUDIEREN SIE im Lehrbuch   8.3.4 Multiplikation und Division komplexer Zahlen
                                8.3.5 Potenzieren und Wurzelziehen komplexer Zahlen

                                8.3.6 Periodizität von $e^{i\alpha}$
                                       Lehrbuch Seite 193 - 195

BEARBEITEN SIE DANACH Lehrschritt   ---------------------------------- ▷ 69

RICHTIG!

Vereinfachen Sie jetzt $i^4 = \ldots\ldots\ldots\ldots$

Lösung gefunden   ------------------------- ▷   9

Hilfe erwünscht   ------------------------- ▷   8

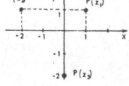

....

Bestimmen Sie aus der nebenstehenden
Figur Realteil x und Imaginärteil y der
Zahl z.

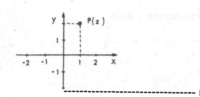

$z = \ldots\ldots\ldots\ldots$ -------------------------- ▷ 39

Gegeben seien die beiden komplexen Zahlen

$$z_1 = 2e^{i\varphi_1} \qquad \varphi_1 = \frac{\pi}{3}$$

$$z_2 = 2e^{i\varphi_2} \qquad \varphi_2 = \frac{2\pi}{3}$$

$$z_1 \cdot z_2 = \ldots\ldots\ldots\ldots$$

Lösung gefunden   -------------------------- ▷ 71

Hilfe erwünscht   -------------------------- ▷ 70

8

Wir wissen: $i^2 = -1$

Um einen Ausdruck wie i^6 zu vereinfachen, zerlegen wir ihn, soweit es geht, in Produkte von $i^2 = (-1)$

Beispiel: $i^6 = i^2 \cdot i^2 \cdot i^2 = (-1) \cdot (-1) \cdot (-1) = -1$

Nun fällt es Ihnen sicher leicht

$$i^4 = \ldots\ldots\ldots\ldots$$

------------------------------- ▷   9

39

$z = 1 + 2i$

Gegeben ist jetzt eine komplexe Zahl

$z = x + iy$

Nun kann man den Punkt $P(z)$ auch
durch Polarkoordinaten r und φ festlegen.
Zeichnen Sie r und φ in die Zeichnung ein.

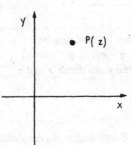

------------------------------- ▷   40

70

Beim Multiplizieren werden die Beträge multipliziert und die Winkel addiert.
Beispiel:

$$z_1 = e^{i\pi}$$
$$z_2 = 2e^{i\frac{2\pi}{3}}$$
$$z_1 \cdot z_2 = 2 \cdot e^{(i\pi + i\frac{2\pi}{3})} = 2 \cdot e^{i\frac{5\pi}{3}}$$

Lösen Sie jetzt: $z_1 = 2 \cdot e^{i\frac{\pi}{3}}$

$$z_2 = 2 \cdot e^{i\frac{2\pi}{3}}$$

$$z_1 \cdot z_2 = \ldots\ldots\ldots$$

------------------------------- ▷   71

9

$i^4 = 1$

Potenzen von i löst man auf, indem man die Potenz, soweit es geht, in Produkte von $i^2 = (-1)$ zerlegt.

Ein Verfahren wie dieses, das zwangsläufig zur Lösung eines Problems führt, nennt man einen *Algorithmus* oder auch *Lösungsalgorithmus*.

Kennt man den Lösungsalgorithmus einer Aufgabe, dann hat man die Lösung in der Tasche.

Rechnen Sie noch aus: $i^5 = \ldots\ldots\ldots\ldots$

　　　　　　　　　　　　　　　$i^8 = \ldots\ldots\ldots\ldots$

------------------------------ ▷ 10

40

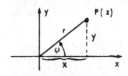

z sei in den beiden Formen gegeben:
$z = x + iy$ und $z = r(\cos \varphi + i \sin \varphi)$
Drücken Sie x und y aus durch r und φ

$x = \ldots\ldots\ldots\ldots$

$y = \ldots\ldots\ldots\ldots$

Können Sie die Beziehungen aus der Zeichnung ableiten ?

Ja
------------------------------ ▷ 42

Nein
------------------------------ ▷ 41

71

$z_1 \cdot z_2 = 4e^{i\pi}$

Berechnen Sie den Quotienten aus den beiden komplexen Zahlen

$$z_1 = 2 \cdot e^{i\frac{\pi}{3}}$$

$$z_2 = 2 \cdot e^{i\frac{2\pi}{3}}$$

$$\frac{z_1}{z_2} = \ldots\ldots\ldots$$

Lösung gefunden
------------------------------ ▷ 73

Hilfe erwünscht
------------------------------ ▷ 72

10

$$i^5 = i^2 \cdot i^2 \cdot i = (-1)\,(-1) \cdot i = i$$
$$i^8 = i^2 \cdot i^2 \cdot i^2 \cdot i^2 = 1$$

Berechnen Sie:

$$\sqrt{-9} = \ldots\ldots\ldots$$
$$\sqrt{-16} \cdot \sqrt{-4} = \ldots\ldots\ldots$$

Lösung gefunden   ------------------------- ▷   12

Hilfe erwünscht   ------------------------- ▷   11

41

Sehen Sie im Lehrbuch nach, und zwar entweder in der Formelsammlung Seite 190 oder in Abschnitt 8.2.2, Seite 187.

Drücken Sie x und y aus durch r und φ.

$$x = \ldots\ldots\ldots\ldots$$
$$y = \ldots\ldots\ldots\ldots$$

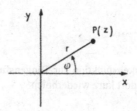

------------------------------- ▷   42

72

Bei der Division sind die Beträge zu dividieren und die Winkel voneinander abzuziehen.

Beispiel: $z_1 = 4 \cdot e^{i2\pi}$

$$z_2 = 2 \cdot e^{i\pi}$$

$$\frac{z_1}{z_2} = \frac{4}{2} \cdot e^{i2\pi - i\pi} = 2 \cdot e^{i\pi}$$

Nun rechnen Sie nach diesem Schema die alte Aufgabe

$$z_1 = 2 \cdot e^{i\frac{\pi}{3}}$$

$$z_2 = 2 \cdot e^{i\frac{2\pi}{3}}$$

$$\frac{z_1}{z_2} = \ldots\ldots\ldots$$

------------------------------- ▷   73

11

Hier ist die Folge der Umformungen für die Aufgabe $\sqrt{-25}$

$$\sqrt{-25} = \sqrt{25 \cdot (-1)} = \sqrt{25} \cdot \sqrt{-1} = 5i$$

Lösen Sie nun $\sqrt{-9}$ = ...

$\sqrt{-16} \cdot \sqrt{-4}$ = ...

-------------------------------- ▷   12

42

$x = r \cdot \cos\varphi$

$y = r \cdot \sin\varphi$

Tun Sie jetzt das Umgekehrte:

Drücken Sie r, $\tan\varphi$ und φ aus durch die Größen x und y.

r = ...

$\tan\varphi$ = ...

φ = ...

Hinweis: Die Umkehrfunktion zur Tangensfunktion ist im Lehrbuch auf Seite 97 erläutert. Bei Unsicherheit dort kurz wiederholen.

-------------------------------- ▷   43

73

$$\frac{z_1}{z_2} = e^{-i\frac{\pi}{3}}$$

Hier folgen kurze Bemerkungen über Fehler und Rückkopplung beim Lernen.

Will Bemerkung überschlagen   -------------------------------- ▷   77

Bemerkung zu Fehlern und der Rückkopplung beim Lernen -------------------------------- ▷   74

12

$$\sqrt{-9} = 3i$$

$$\sqrt{-16} \cdot \sqrt{-4} = -8 \qquad \text{Erläuterung:} \quad \sqrt{16}\sqrt{-1} \cdot \sqrt{4}\sqrt{-1} = 4 \cdot i \cdot 2 \cdot i = -8$$

Die Wurzel aus einer negativen Zahl wird immer nach demselben Algorithmus gezogen:

$$\sqrt{-a} = \sqrt{a} \cdot \sqrt{-1} = \sqrt{a} \cdot i$$

Lösen Sie

$$\sqrt{-b^2} = \ldots\ldots\ldots$$
$$\sqrt{25} + \sqrt{-9} = \ldots\ldots\ldots$$

-------------------------------- ▷   13

43

$$r = \sqrt{x^2 + y^2}$$

$$\tan\varphi = \frac{y}{x} \qquad\qquad \text{Hinweis: } \varphi \text{ ist der Winkel, dessen Tangens den Wert } \frac{y}{x} \text{ hat.}$$

$$\varphi = \arctan\frac{y}{x}$$

Jetzt ein weiteres Beispiel: Eine komplexe Zahl z sei in der folgenden Form gegeben:

$$z = a^2 + (b + c)i \qquad\qquad a^2, b, c \text{ seien reell.}$$

Wie schreibt sich z in der Form $z = r(\cos\varphi + i\sin\varphi)$

$r = \ldots\ldots\ldots\ldots$ $\qquad\qquad \tan\varphi = \ldots\ldots\ldots\ldots \qquad\qquad \varphi = \ldots\ldots\ldots\ldots$

Lösung gefunden   -------------------------------- ▷   45
Hilfe erwünscht   -------------------------------- ▷   44

74

Empirisch gut belegt ist folgender Befund:

Ein Kurs A wird unterrichtet und wöchentlich wird eine Arbeit geschrieben und besprochen.

Ein Kurs B wird in gleicher Weise unterrichtet. Es werden aber keine Kontrollarbeiten geschrieben.

In allen untersuchten Fällen ist der Lernzuwachs im Kurs A größer. Die Leistungskontrollen und die Diskussion der Fehler wirken sich positiv auf die Lernvorgänge aus. Auch wenn sie zunächst als unbequem und störend empfunden werden.

-------------------------------- ▷   75

$b \cdot i$

$5 + 3i$

....

Vereinfachen Sie

a) $\sqrt{-2} \cdot \sqrt{-8} + \sqrt{2} \cdot \sqrt{-8} =$ ....

b) $\dfrac{\sqrt{-6}}{\sqrt{3}} =$ ....

c) $\dfrac{1}{(-i)^3} =$ ....

Lösung gefunden   ----------------------------- ▷   15

Hilfe erwünscht   ----------------------------- ▷   14

Hinweise: Es war: $z = a^2 + (b + c)i$

Wir vergleichen mit der allgemeinen Form $z = x + iy$. In unserem Fall gilt also

$$x = a^2$$
$$y = (b + c)$$

Dann ist $r = \sqrt{x^2 + y^2} = \sqrt{\text{........}}$

Weiter gilt $\tan \varphi = \dfrac{y}{x} =$ ....

Schließlich $\varphi = \arctan \dfrac{y}{x} = \arctan$ ....

----------------------------- ▷   45

Die Rückmeldung hat zwei Funktionen:

- Identifizierung von Lerndefiziten
- Bestätigung und Bekräftigung erfolgreichen Lernverhaltens

Das Lernen ist umso wirksamer, je weniger Zeit zwischen Lernvorgang und Rückmeldung liegt.

Die Rückmeldung über die Richtigkeit einer Aufgabenlösung kann über *Fremdkontrolle* oder *Selbstkontrolle* erfolgen.

----------------------------- ▷   76

14

Hier ist ein Teil des Rechenganges.

a) $\sqrt{-2} \cdot \sqrt{-8} + \sqrt{2} \cdot \sqrt{-8} = \sqrt{2} \cdot i \cdot \sqrt{8} \cdot i + \sqrt{2} \cdot \sqrt{8} \cdot i = \sqrt{16} \cdot (-1) + \sqrt{16} \cdot i = $ ....

b) $\dfrac{\sqrt{-6}}{\sqrt{3}} = \dfrac{i \cdot \sqrt{3} \cdot \sqrt{2}}{\sqrt{3}} = $ ....

c) $\dfrac{1}{(-i)^3} = \dfrac{1}{(-1)^3 \cdot i^3} = \dfrac{1}{(-1)(-1) \cdot i} = \dfrac{1}{i}$

Jetzt erweitern wir

$\dfrac{1}{i} \cdot \dfrac{i}{i} = $ ....

------------------------------ ▷   15

45

$$r = \sqrt{a^4 + (b+c)^2} \qquad \tan\varphi = \frac{b+c}{a^2} \qquad \varphi = \arctan\frac{b+c}{a^2}$$

Gegeben sei $z = 1 + i$

Bringen Sie z in die Form

$$z = r(\cos\varphi + i\sin\varphi)$$

$z = $ ....

Schaffen Sie es auf Anhieb   ------------------------------ ▷   47

Hilfe erwünscht   ------------------------------ ▷   46

76

Die *Selbstkontrolle* erfolgt hier so:

1. Phase   Rechnung selbständig mit möglichst wenig Hilfe durchführen.

2. Phase   Vergleich mit vorgegebener Lösung.

3. Phase   Ist das Ergebnis richtig, so kann der Erfolg sich positiv auf die Lernmotivation auswirken. Ist das Ergebnis falsch, so beginnt die Suche nach
        a) Flüchtigkeitsfehlern,
        b) systematischen Fehlern.

4. Phase   Ist ein systematischer Fehler gefunden, Ursache beseitigen. Das heißt in den meisten Fällen einen Lehrbuchabschnitt mit den dazugehörenden Aufgaben wiederholen.

Es ist also daher nicht einmal abwegig festzustellen, daß wir durch Fehler besonders wirksam lernen. Vorausgesetzt, wir haben sie *identifiziert*, *analysiert* und die *Ursachen beseitigt*.

------------------------------ ▷   77

15

a)   -4 + 4i

b) $\sqrt{2}i$

c)   - i

....

Die allgemeine Form einer *komplexen Zahl* ist: $z = x + iy$

Dann heißt: x: ....

Dann heißt: y: ....

---------------------------------- ▷ 16

46

Gegeben: $z = 1 + i$

Also ist: $x = 1$ und $y = 1$

Gesucht: $z = r(\cos\varphi + i\sin\varphi)$

Wir müssen r und φ aus x und y bestimmen.

$r = \sqrt{x^2 + y^2} = \sqrt{2}$ und $\tan\varphi = \dfrac{y}{x} = 1$

$\varphi = \arctan 1 = \dfrac{\pi}{4}$ oder $\dfrac{5\pi}{4}$

Wenn wir φ von 0 bis 2π laufen lassen,
hat der Tangens zweimal den Wert 1.

Welchen Wert nehmen wir? φ = ...

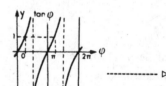

------------- ▷ 47

77

Wir wollen den Ausdruck $4e^{i\pi}$ vereinfachen.

Zeichnen Sie zunächst den Punkt $z = 4e^{i\pi}$ in die
Gaußschen Zahlenebene ein.

Ermitteln Sie dann seinen Real- und Imaginärteil
und schreiben Sie z in der Form $x + iy$.

$z = ...$

Lösung gefunden   ---------------------------------- ▷ 79

Hilfe erwünscht   ---------------------------------- ▷ 78

16

x = Realteil
y = Imaginärteil

....

Gegeben sei jetzt eine komplexe Zahl $z = i\,(a^2 + b^2) - xt$

x, t, a^2 und b^2 seien reell.

Was ist hier der Imaginärteil?

☐ $a^2 + b^2$

☐ $i\,(a^2 + b^2)$

-- ▷ 17

47

$\varphi = \dfrac{\pi}{4}$

....

Richtig?
Schreiben Sie jetzt hin, wie die komplexe Zahl in der Schreibweise mit Winkelfunktionen aussieht; wir haben jetzt

$r = \sqrt{2}$ $\varphi = \dfrac{\pi}{4}$ $z = \ldots\ldots\ldots\ldots$

Weitere Erläuerung   ------------------------------------ ▷ 49

Hilfe erwünscht   ------------------------------------ ▷ 48

78

Betrachten wir: $z = 2 \cdot e^{i\frac{\pi}{2}}$.

Bekannt ist damit: Betrag $r = 2$ Winkel $\varphi = \dfrac{\pi}{2}$.

In der Gaußschen Zahlenebene ist z eingezeichnet.

In der Darstellung $z = x + iy$ erhalten wir dafür $z = 0 + 2 \cdot i$.

Zeichnen Sie nun ein

$z = 4 \cdot e^{i\pi}$

Geben Sie z an in der

Form $z = x + iy$

$z = \ldots\ldots\ldots\ldots$

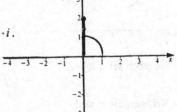

------------------------------------ ▷ 79

17

$a^2 + b^2$

....

Viele Anfänger lassen sich durch den Namen „Imaginärteil" verwirren. Der Imaginärteil ist der Vorfaktor, auch „Koeffizient" genannt, der bei i steht.

Der Imaginärteil ist eine reelle Zahl – obwohl der Name das Gegenteil suggeriert.

Die imaginäre Zahl entsteht erst durch das Produkt

$$(a^2 + b^2)\, i$$

Was ist der Imaginärteil der komplexen Zahl $z = 25i + \sqrt{2}i + 2$

Imaginärteil: ....

------------------------------ ▷ 18

48

Die Gleichung $\varphi = \arctan 1$ hat zwei Lösungen – nämlich: $\varphi = \dfrac{\pi}{4}$ und $\varphi = \dfrac{5\pi}{4}$.

Das Problem ist, den richtigen Winkel zu bestimmen. Das tun wir, indem wir $z = 1 + i$ in der Gaußschen Zahlenebene zeichnen. Dann ergibt sich φ automatisch.

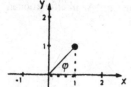

$$\varphi = \frac{\pi}{4}$$

Dementsprechend: $z = \sqrt{2}$ (............)

------------------------------ ▷ 49

79

$z = 4 \cdot e^{i\pi} = -4$

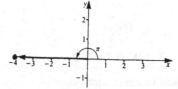

....

Gegeben sei $z = 4 \cdot e^{i\pi}$

Rechnen Sie z^3 aus!

$$z^3 = ...$$

------------------------------ ▷ 80

18

$(25 + \sqrt{2})$

....

Jetzt sei eine komplexe Zahl gegeben

$$k = 3 + 4i$$

Wie heißt die dazu *konjugiert-komplexe* Zahl?

$$k^* = \ldots\ldots\ldots\ldots$$

------------------------------- ▷ 19

49

$$z = \sqrt{2}\left(\cos\frac{\pi}{4} + i\sin\frac{\pi}{4}\right)$$

....

Noch ein Beispiel: Gegeben sei

$$z = -1 + i$$

Dies ist auf die folgende Form zu bringen:

$$z = r(\cos\varphi + i\sin\varphi)$$

$$r = \ldots\ldots\ldots\ldots$$

$$\varphi = \ldots\ldots\ldots\ldots$$

$$z = \ldots\ldots\ldots\ldots$$

Lösung gefunden   ------------------------------- ▷ 51

Hilfe erwünscht   ------------------------------- ▷ 50

80

$$z^3 = 64e^{i3\pi}$$

....

Lösung gefunden   ------------------------------- ▷ 83

Fehler gemacht oder Hilfe erwünscht   ------------------------------- ▷ 81

19

$k^* = 3 - 4i$

Hinweis: Aus einer komplexen Zahl erhält man die *konjugiert komplexe*, indem man i durch $-i$ ersetzt.

....

Berechnen Sie die Summe aus 2 komplexen Zahlen:

$$z_1 = 1 + i$$
$$z_2 = -3 - i$$
$$z_1 + z_2 = \ldots\ldots\ldots$$

Lösung gefunden

------------------------------- ▷ 21

Erläuterung erwünscht

------------------------------- ▷ 20

50

1. Schritt: $z = -1 + i$
Gegeben: $x = -1$, $y = +1$
Gesucht: r, φ

2. Schritt: $r = \sqrt{x^2 + y^2} = \sqrt{2}$

$\tan\varphi = \dfrac{y}{x} = -1$

$\varphi = \arctan-1 = \dfrac{3\pi}{4}$ oder $\dfrac{7\pi}{4}$

3. Schritt: Die Gaußsche Zahlenebene zeigt,

daß $\varphi = \dfrac{3\pi}{4}$

4. Schritt: $z = r(\cos\varphi + i\sin\varphi) = \ldots\ldots\ldots\ldots$

------------------------------- ▷ 51

81

Die Aufgabe war:

Gegeben: $z = 4 \cdot e^{i\pi}$ Gesucht: $z^3 = \ldots\ldots\ldots\ldots$

Hier ist der Rechengang:

$$z = 4 \cdot e^{i\pi}$$
$$z^2 = 4 \cdot 4 \cdot e^{i(\pi+\pi)}$$
$$z^3 = 4 \cdot 4 \cdot 4 \cdot e^{i(\pi+\pi+\pi)}$$
$$z^3 = 64 \cdot e^{i3\pi}$$

------------------------------- ▷ 82

20

Hier ist der Rechengang: $z_1 = 1 + i$

$$z_2 = -3 - i$$

Realteil und Imaginärteil werden für sich addiert:

$$z_1 + z_2 = (1-3) + (1-1)i = \ldots\ldots\ldots\ldots$$

---------------------------------- ▷ 21

51

$$r = \sqrt{2}$$

$$\varphi = \frac{3\pi}{4}$$

$$z = \sqrt{2}\left(\cos\frac{3\pi}{4} + i\sin\frac{3\pi}{4}\right)$$

Die Umrechnung einer komplexen Zahl z von der Form $x + iy$ auf die Form $r(\cos\varphi + i\sin\varphi)$ ist im Prinzip einfach. Die einzige Schwierigkeit ist die Bestimmung von φ, weil die Gleichung $\varphi = \arctan\frac{y}{x}$ zwei Lösungen hat. Hier hilft ein Blick auf die Gaußsche Zahlenebene.

---------------------------------- ▷ 52

82

Ziehen Sie die Quadratwurzel aus

$$z = 4 \cdot e^{i\pi}$$

$$\sqrt{z} = \ldots\ldots\ldots$$

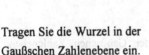

Tragen Sie die Wurzel in der Gaußschen Zahlenebene ein.

Lösung gefunden    ---------------------------------- ▷ 84

Hilfe erwünscht    ---------------------------------- ▷ 83

21

$z = -2$

....

Subtrahieren Sie und ordnen Sie nach Real- und Imaginärteil

$$z_1 = 3 + 5i$$
$$z_2 = 1 + 3i$$
$$z_1 - z_2 = \ldots\ldots\ldots$$

-------------------------------- ▷ 22

52

Die Exponentialform einer komplexen Zahl

In diesem Abschnitt brauchen wir die Taylorreihe für die Funktion e^x . Sicher wissen Sie noch aus dem vorigen Kapitel, wie sie aussieht. Schreiben Sie die Taylorreihe auf einen Zettel und legen Sie ihn neben das Lehrbuch, damit Sie die Formel während des Lesens zur Hand haben.

STUDIEREN SIE im Lehrbuch   8.3.1   Eulersche Formel
                                 8.3.2   Umkehrformeln zur Eulerschen Formel
                                 8.3.3   Komplexe Zahlen als Exponenten
                                         Lehrbuch Seite 189 - 193

BEARBEITEN SIE DANACH Lehrschritt   -------------------------------- ▷ 53

83

Gegeben sei $z_1 = 4 \cdot e^{i\frac{\pi}{2}}$

Man zieht die Wurzel aus einer komplexen Zahl, indem man aus dem Betrag die Wurzel zieht und den Winkel durch den Wurzelexponenten – er ist hier 2 – teilt.

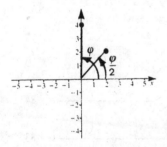

$$\sqrt[2]{z_1} = \sqrt[2]{4} \cdot e^{\frac{1}{2}\left(i\frac{\pi}{2}\right)}$$

$$= 2 \cdot e^{\frac{i\pi}{4}}$$

Das ist links in der Gaußschen Zahlenebene demonstriert.

Tragen Sie jetzt ein $z = 4 \cdot e^{i\pi}$ und ziehen Sie die Wurzel

$$\sqrt[2]{z} = \ldots\ldots\ldots\ldots$$

-------------------------------- ▷ 84

22

$2 + 2i$

....

Multiplizieren Sie zwei komplexe Zahlen

$$z_1 = 3 + 5i$$
$$z_2 = 2 + 4i$$
$$z_1 \cdot z_2 = \ldots\ldots\ldots$$

Lösung gefunden   ------------------------ ▷ 24

Erläuterung erwünscht   ------------------------ ▷ 23

53

Schreiben Sie eine allgemeine komplexe Zahl z in der Exponentialform:

$$z = \ldots\ldots\ldots\ldots$$

------------------------------- ▷ 54

84

$\sqrt{z} = 2e^{i\frac{\pi}{2}} = 2i$

Hinweis: Die Aufgabe ließ sich auch einfacher lösen:

$$z = 4 \cdot e^{i\pi} = -4 \qquad \sqrt{z} = 2i$$

....

Gegeben sei eine komplexe Zahl in der Form $z = x + iy$, und zwar sei $z = 1 + i$.

Gesucht ist z in Exponentialschreibweise.

$$z = \ldots\ldots\ldots\ldots$$

Lösung gefunden   ------------------------ ▷ 86

Hilfe erwünscht   ------------------------ ▷ 85

23

Die Multiplikation zweier komplexer Zahlen wird gelöst wie die Multiplikation zweier
Klammerausdrücke $(a + b)(c + d) = ac + ad + bc + bd$

Beispiel:

$$z_1 = (2 + i)$$
$$z_2 = (1 - 2i)$$
$$z_1 \cdot z_2 = (2 + i) \cdot (1 - 2i) = 2 - 4i + i + 2 = 4 - 3i$$

Nun lösen Sie die alte Aufgabe

$$z_1 = (3 + 5i)$$
$$z_2 = (2 + 4i)$$
$$z_1 \cdot z_2 = (3 + 5i) \cdot (2 + 4i) = \ldots \ldots$$

------------------------------- ▷ 24

54

$$z = r \cdot e^{i\varphi}$$

Zwischen der Exponentialfunktion $e^{i\varphi}$ und den Winkelfunktionen Sinus und Kosinus
bestehen mathematische Beziehungen. Diese brauchen Sie nicht auswendig zu wissen; Sie
müssen aber wissen, daß es sie gibt und wo man sie findet.

Suchen Sie die *Eulersche Formel* aus der Formelzusammenstellung oder dem Lehrbuch
heraus!

Die Eulersche Formel lautet: . . . .

------------------------------- ▷ 55

85

1. $z = 1 + i$.

   Damit ist $x = 1$

   $\qquad\quad y = 1$

2. Nach den Umrechnungsgleichungen erhalten wir

   $$r = \sqrt{x^2 + y^2} = \sqrt{2}$$

   $$\tan \varphi = \frac{y}{x} = 1$$

   $$\varphi = \arctan 1 = \frac{\pi}{4} \quad \text{oder} \quad \frac{5\pi}{4}$$

3. Darstellung von z in der Gaußschen Zahlenebene ergibt $\varphi = \frac{\pi}{4}$.

4. Die komplexe Zahl heißt jetzt in Exponentialschreibweise $z = \ldots \ldots \ldots \ldots$

------------------------------- ▷ 86

| 24 |

$-14 + 22i$

....

Nun wird es mühsamer, aber nicht wirklich schwieriger

$$z_1 = 1 + i \qquad\qquad z_2 = 2 + 3i \qquad\qquad z_3 = 1 - 4i$$

Berechnen Sie das Produkt

$z_1 \cdot z_2 \cdot z_3 = \ldots\ldots\ldots\ldots$

Lösung gefunden ------------------------------------ ▷ 26

Erläuterung erwünscht ------------------------------------ ▷ 25

| 55 |

Eulersche Formel: $e^{i\varphi} = \cos\varphi + i\sin\varphi$

Die beiden Umkehrformeln sind:

$\cos\varphi = \ldots\ldots\ldots\ldots$

$\sin\varphi = \ldots\ldots\ldots\ldots$

------------------------------------ ▷ 56

| 86 |

$$z = \sqrt{2}\, e^{i\frac{\pi}{4}}$$

....

Bringen Sie in die Exponentialform

$$z = 1 - i$$

$$z = r \cdot e^{i\varphi} = \ldots\ldots\ldots\ldots$$

------------------------------------ ▷ 87

$\boxed{25}$

Da wir drei Faktoren haben, gehen wir schrittweise vor und multiplizieren zunächst zwei Faktoren und dann das Ergebnis mit dem dritten Faktor.

Beispiel:

$$z_1 = (2+i) \qquad\qquad z_2 = (1-2i) \qquad\qquad z_3 = (1+2i)$$

$$z_1 \cdot z_2 \cdot z_3 = (2+i)\cdot(1-2i)\cdot z_3$$
$$= (4-3i)\cdot z_3 = (4-3i)\cdot(1+2i)$$
$$= 10+5i$$

Multiplizieren Sie jetzt: $z_1 = 1+i \qquad z_2 = 2+3i \qquad z_3 = 1-4i$

$$z_1 \cdot z_2 \cdot z_3 = \ldots\ldots\ldots\ldots$$

------------------------------ ▷ 26

$\boxed{56}$

$$\cos\varphi = \frac{1}{2}(e^{i\varphi} + e^{-i\varphi})$$

$$\sin\varphi = \frac{1}{2i}(e^{i\varphi} - e^{-i\varphi})$$

Eine wichtige Eigenschaft der Umkehrformeln zu den Eulerschen Formeln ist die folgende: Links stehen reelle Winkelfunktionen.

Rechts dagegenn stehen die komplexen Funktionen $e^{\pm\varphi}$.

Man kann also aus der Summe oder der Differenz von $e^{i\varphi}$ und $e^{-i\varphi}$ reelle Funktionen bilden.

Diese Tatsache wird in der mathematischen Behandlung von Schwingungen (Kapitel 9) von größter Bedeutung sein.

------------------------------ ▷ 57

$\boxed{87}$

$$z = \sqrt{2}\cdot e^{-i\frac{\pi}{4}}$$

Wir betrachten $z(\varphi) = re^{i\varphi}$ als Funktion von φ, wie es in der Schreibweise $z\,(\varphi)$ angedeutet ist.

Welche Periode hat $z\,(\varphi)$?

$\ldots\ldots\ldots\ldots$

------------------------------ ▷ 88

$19 + 9i$

....

Multiplizieren Sie eine komplexe Zahl mit ihrer konjugiert-komplexen $z \cdot z^*$

$$z = 4 + 2i$$

$$z^* = \ldots\ldots\ldots$$

$$z \cdot z^* = \ldots\ldots\ldots$$

Lösung gefunden   ------------------------------ ▷ 28

Erläuterung erwünscht   ------------------------------ ▷ 27

Gegeben sei $z = r \cdot e^{i\varphi}$.

Wie heißt die konjugiert-komplexe Zahl z^*?

$$z^* = \ldots\ldots\ldots\ldots$$

Lösung gefunden   ------------------------------ ▷ 59

Hilfe erwünscht   ------------------------------ ▷ 58

$z(\varphi) = re^{i\varphi}$ hat die Periode 2π.

Allgemein gilt: $re^{i\varphi} = re^{i(\varphi \pm 2k\pi)}$

$$k = 1, 2, 3 \cdots$$

....

Es sei $z = 2 \cdot e^{i\frac{\pi}{3}}$.

Berechnen Sie z^6

$$z^6 = \ldots\ldots\ldots\ldots$$

------------------------------ ▷ 89

z^* ist die zu z konjugiert-komplexe Zahl. Es sei $z = 1 + 2\,i$. Dann ist $z^* = 1 - 2\,i$

Das Produkt: $z \cdot z^* = (1+2i)\,(1-2i) = 1 + 4 = 5$

Rechnen Sie nun

$$z = 4 + 2i$$

$$z^* = \ldots\ldots\ldots$$

$$z \cdot z^* = \ldots\ldots\ldots$$

-------------------------------- ▷ 28

Sie erhalten die konjugiert-komplexe Zahl aus der komplexen, indem Sie i durch $-i$ ersetzen.

1. Beispiel $z = a + ib$ $z^* = a - ib$

2. Beispiel $z = r \cdot e^{i\varphi}$ $z^* = \ldots\ldots\ldots\ldots$

Machen Sie sich dies in der Gaußschen Zahlenebene klar.

-------------------------------- ▷ 59

$$z^6 = 64 \cdot e^{i2\pi} = 64$$

Geben Sie das Produkt und den Quotienten der zwei komplexen Zahlen an.

$$z_1 = 3 \cdot e^{i\pi}$$

$$z_2 = 5 \cdot e^{i\frac{\pi}{4}}$$

$$z_1 \cdot z_2 = \ldots\ldots\ldots\ldots$$

$$\frac{z_1}{z_2} = \ldots\ldots\ldots\ldots$$

-------------------------------- ▷ 90

28

$z = 4 + 2i$

Hinweis: Das Produkt einer komplexen Zahl mit

$z^* = 4 - 2i$

ihrer konjugiert komplexen Zahl ist immer eine

$z \cdot z^* = 32$

Reelle Zahl.

....

Gegeben sei $z_1 = 27 + \sqrt{3}i$ und $z_2 = 3 \cdot \sqrt{3}$.

Was ergibt die Division $\dfrac{z_1}{z_2}$

$$\frac{z_1}{z_2} = \ldots\ldots\ldots\ldots$$

Lösung gefunden ------------------------------------ ▷   30

Hilfe erwünscht ------------------------------------ ▷   29

59

$z^* = re^{-i\varphi}$

....

Gegeben $z = 3 + 2i$. Zeichnen Sie z und die konjugiert-komplexe Zahl z^* in die Gaußsche Zahlenebene ein.

Zeichnen Sie dann auch die folgende Darstellung ein:

$z = r \cdot e^{i\varphi}$
$z^* = r \cdot e^{-i\varphi}$

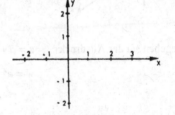

------------------------------ ▷   60

90

$z_1 \cdot z_2 = 15 \cdot e^{i \cdot \frac{5}{4}\pi}$

$\dfrac{z_1}{z_2} = \dfrac{3}{5} \cdot e^{i\frac{3}{4}\pi}$

....

Obwohl Sie jetzt Grundkenntnisse auf dem Gebiet der komplexen Zahlen haben, kann es sein, daß Sie mehr über komplexe Zahlen wissen wollen oder müssen.

Angenommen Sie suchen ein weiterführendes Buch. Sie gehen in eine Bücherei (Seminarbücherei, Universitätsbücherei). Sie werden vielleicht anfangen, die Bücherrücken zu studieren. Schließlich werden Sie jemanden um Rat fragen. Dann wird man Sie auf die sogenannte *Kartei* verweisen. Die gebräuchlichsten Formen einer Kartei sind die Autorenkartei und die Sachkartei.

Wissen Sie, wie man mit solchen Karteien umgeht?

Ja ------------------------------ ▷   94

Nein ------------------------------ ▷   91

29

Hier ist der Beginn des Rechengangs. Gesucht: $\dfrac{z_1}{z_2} = \dfrac{27 + \sqrt{3}\,i}{3 \cdot \sqrt{3}}$.

Erste Umformung: Wir trennen Realteil und Imaginärteil

$$\frac{z_1}{z_2} = \frac{27}{3 \cdot \sqrt{3}} + \frac{\sqrt{3}\,i}{3 \cdot \sqrt{3}} = \dots\dots\dots\dots$$

Jetzt können Sie die Lösung sicher angeben:

$$\frac{z_1}{z_2} = \dots\dots\dots\dots$$

------------------------------ ▷ 30

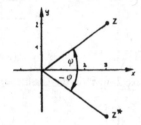

$$z = 3 + 2i$$

$$z^* = 3 - 2i$$

Gegeben sei der Ausdruck $z = a + ib$

$$w = e^z = \dots\dots\dots\dots$$

------------------------------ ▷ 61

Es gibt zwei Karteien: Autorenkartei und Sachkartei.

In der *Autorenkartei* sind die Karten oder Computereinträge nach den Autoren geordnet, und zwar in alphabetischer Reihenfolge. Dabei ist für jedes Buch ein besonderes Kärtchen oder Eintrag reserviert.

Die *Sachkartei* enthält ebenfalls die Karten oder Computereinträge aller Bücher, aber in einer anderen Ordnung. Die Sachkartei ist in die Sachgebiete unterteilt. Innerhalb dieser Sachgebiete – Mathematik, Chemie, Zahlenheorie, Differential- und Integralrechnung ...– sind die Einträge meist alphabetisch nach Autoren geordnet.

Angenommen, sie wollen mehr über komplexe Zahlen wissen. Nehmen wir weiter an, Sie stünden vor einer Sachkartei, in der u.a. folgende Stichworte zu finden sind:

Grundlagen der Mathematik, Geometrie, Zahlentheorie, Funktionentheorie, Analysis, Mengenlehre, Lehrbücher der Mathematik, Mathematik für Naturwissenschaftler, Nachschlagewerke und Lexika.

------------------------------ ▷ 92

$$\frac{z_1}{z_2} = \frac{9}{\sqrt{3}} + \frac{i}{3} = 3\sqrt{3} + \frac{i}{3}$$

Dividieren Sie $\dfrac{4 - \sqrt{3}i}{2i} = $ ....

Hilfe erwünscht   ----------------------------------- ▷ 31

Lösung gefunden   ----------------------------------- ▷ 32*

*Lehrschritt 32 finden Sie auf der **Mitte der Seite** unterhalb Lehrschritt 1.

BLÄTTERN SIE ZURÜCK

$$w = e^z = e^{a+ib} = e^a \cdot e^{ib}$$

Gegeben sei $z = x + iy$

$\qquad\qquad w = e^z = $ ....

Gegeben sei $z = (a + ib) \cdot t$

$\qquad\qquad \overline{w} = e^z = $ ....

----------------------------------- ▷ 62

Für eine kurze Übersicht empfiehlt sich das Stichwort „Nachschlagewerke und Lexika".

Naturwissenschaftler schauen auch unter dem Stichwort „Mathematik für Naturwissenschaftler" nach.

Grundlegende Erörterungen, findet man unter dem Stichwort „Lehrbücher der Mathematik".

Auf den Karten oder Computereinträgen ist meist oben rechts eine *Signatur* zu sehen. Die Signatur ist eine Buchstaben- und Zahlenkombination, z.B. Ma 31, die auch auf dem Rücken oder auf der Vorderseite des betreffenden Buches steht. Sie brauchen in den Regalen also jetzt nur nach dieser Signatur zu suchen.

----------------------------------- ▷ 93

31

Wir formen um, um einen reellen Nenner zu erhalten

$$\frac{(4 - \sqrt{3}i)}{2i} = \frac{(4 - \sqrt{3}i)}{2i} \cdot \frac{i}{i} = \frac{(4 - \sqrt{3}i) \cdot i}{-2}$$

$$= \ldots\ldots\ldots\ldots$$

Der Rest dürfte Ihnen keine Schwierigkeiten gemacht haben.

Jetzt geht es weiter mit den Lehrschritten auf der **Mitte der Seiten**.

Sie finden Lehrschritt 32 unterhalb Lehrschritt 1.

BLÄTTERN SIE ZURÜCK   -------------------------------- ▷   32

62

$$w = e^x \cdot e^{iy}$$
$$\overline{w} = e^{at} \cdot e^{ibt}$$

Gegeben sei der Ausdruck $z = (\gamma + i\omega)t = \gamma t + i\omega t$.

Diese Form wird bei der Beschreibung von Schwingungen viel benutzt

$$w = e^z = \ldots\ldots\ldots$$

Formen Sie unter Benutzung der Eulerschen Formel weiter um

$$w = e^{\gamma t} = (\ldots\ldots\ldots\ldots\ldots)$$

Jetzt geht es weiter mit den Lehrschritten im **unteren Drittel der Seiten**.

Sie finden Lehrschritt 63 unterhalb der Lehrschritte 1 und 32.

BLÄTTERN SIE ZURÜCK   -------------------------------- ▷   63

93

Sie haben das   des Kapitels erreicht.

Kapitel 9

Differentialgleichungen

1

Differentialgleichungen bauen auf der Differential und Integralrechnung auf. Sie setzen Kenntnisse über komplexe Zahlen voraus. Schwierigkeiten beim Studium können zwei Ursachen haben:

a) Schwierigkeiten, weil die die Sache schwer zu verstehen ist,

b) Schwierigkeiten, weil Voraussetzungen fehlen.

Der Fall b) ist häufig und er ist vermeidbar. Daher kontrollieren wir zunächst die Voraussetzungen für dieses Kapitel.

Bei der Lösung der folgenden Aufgaben können und sollen sie ihre Exzerpte benutzen.

-------------------------------- ▷   2

35

Im Kapitel 9.1. wurde gezeigt, daß die allgemeine Lösung einer Differentialgleichung noch unbestimmte Integrationskonstanten enthält.

Wieviele unbestimmte Integrationskonstanten enthält die allgemeine Lösung einer Differentialgleichung zweiter Ordnung?

. . . .

Lösung gefunden   -------------------------------- ▷   37

Erläuterung oder Hilfe erwünscht   -------------------------------- ▷   36

69

Wir zeigen einen einfachen Fall, der nach dem gleichen Schema gelöst wird, das im Lehrbuch auf Seite 215 steht.

$$3y'' + 7y = 2$$

Ansatz: $y_{inh} = K$ $y'_{inh} = 0$ $y''_{inh} = 0$

Dies setzen wir in die Differentialgleichung ein und erhalten:

$$7K = 2 \qquad\qquad K = \tfrac{2}{7} \qquad\qquad y_{inh} = \tfrac{2}{7}$$

Bestimmen Sie in gleicher Weise die spezielle Lösung für

$$y'' + 23y' + 15y = 6 \qquad y_{inh} = \ldots\ldots\ldots\ldots$$

-------------------------------- ▷   70

2

Gegeben sei

$z = 3 + 4i$

Bilden Sie dazu die konjugiert komplexe Zahl z^*.

$z^* = \ldots\ldots\ldots\ldots$

------------------------------- ▷   3

36

Anschaulich können wir die Zahl der Integrationskonstanten gleich der Anzahl der Integrationen setzen, die notwendig sind, um von der Ableitung höchsten Grades auf die gesuchte Funktion zu kommen.

Bei einer Differentialgleichung n-ter Ordnung sind dies n Integrationen. Dann erhalten wir also n Integrationskonstanten.

Wieviele Integrationskonstante enthält die allgemeine Lösung einer Differentialgleichung zweiter Ordnung?

$\ldots\ldots\ldots\ldots$

------------------------------- ▷   37

70

$y_{inh} = \dfrac{6}{15}$

Lösen Sie die Differentialgleichung

$y'' = a$

Es ist der 5. Fall auf Seite 218 und ein gut bekanntes Beispiel.

$y = \ldots\ldots\ldots\ldots$

--------------- ▷   71

3

$z* = 3 - 4i$

....

Die Eulersche Formel verknüpft die komplexe Exponentialfunktion mit den reellen Funktionen $\cos x$ und $\sin x$:

$$e^{iy} = \cos y + i \sin y$$

Formen Sie entsprechend der Eulerschen Formel um:

$$e^{i6x} = \ldots\ldots\ldots\ldots$$

------------------------------- ▷   4

37

Zwei Integrationskonstante

Wieviele Randbedingungen sind notwendig, um aus der allgemeinen Lösung einer Differentialgleichung zweiter Ordnung eine spezielle Lösung zu bestimmen? ....

Die spezielle Lösung heißt auch .... Lösung.

Lösung gefunden   ---------------------------------- ▷   39

Erläuterung oder Hilfe erwünscht   ---------------------------------- ▷   38

71

$y = \frac{1}{2}ax^2 + c_1 x + c_2$ Hinweis: Das Beispiel steht im Lehrbuch auf Seite 217.

....

Es folgt jetzt eine Serie von Übungen zu den verschiedenen Fällen, die im Lehrbuch angesprochen sind. Bei einem ersten Durchgang und bei Zeitdruck können sie übersprungen werden, später sollten sie bei Bedarf geübt werden. In diesem Fall Erinnerungszettel in das Leitprogramm legen.

Möchte die Übungen jetzt überspringen   -------------------- ▷116*

Übungen für den Fall: $f(x)$ ist ein *Polynom*   -------------------- ▷   72

Übungen für den Fall: $f(x)$ ist eine *Exponentialfunktion*   -------------------- ▷   89

Übungen für den Fall: $f(x)$ ist eine *trigonometrische Funktion*   -------------------- ▷103*

*Um die Lehrschritte 103 und 116 zu finden, müssen Sie das Buch umdrehen. Die Lehrschritte stehen dann im oberen Drittel der Seiten.

$e^{i6x} = \cos 6x + i \sin 6x$

....

Bestimmen Sie Real- und Imaginärteil der komplexe Zahl e^z mit $z = 2 + 3i$

Realteil von e^z: ....

Imaginärteil von e^z: ....

-------------------------------- ▷   5

Um bei einer Differentialgleichung n-ter Ordnung alle n Integrationskonstanten zu bestimmen, sind genau n sinnvolle Randbedingungen notwendig.
Um eine Integrationskonstante zu bestimmen, genügt eine Randbedingung.

Wieviele Randbedingungen sind notwendig, um aus der allgemeinen Lösung einer Differentialgleichung zweiter Ordnung eine spezielle Lösung zu bestimmen? ....

Eine spezielle Lösung heißt auch par .... Lösung.

-------------------------------- ▷   39

Übungen für den 2. Fall: $f(x)$ ist ein Polynom.
Bei allen Übungen suchen wir die spezielle inhomogene Lösung. Die danach noch zu addierende Lösung der homogenen Differentialgleichung kann mittels des Exponentialansatzes bestimmt werden. Gegeben sei:

$$f(x) = a + bx + cx^2$$

Lösungsansatz Lehrbuch Seite 215

$y_{inh} = $ ....

-------------------------------- ▷   73

5

Realteil von $\quad e^{2+3i}$: $\quad e^2 \cos 3$

Imaginärteil von $\quad 2^{2+3i}$: $\quad e^2 \sin 3$

....

Bilden Sie die Ableitung

$$\frac{d}{dx} x^4 = \ldots\ldots\ldots\ldots$$

------------------------------ ▷   6

39

2 Randbedingungen
partikuläre Lösung.

....

------------------------------ ▷   40

73

$y_{inh} = A + Bx + Cx^2$

....

Gegeben sei die inhomogene Differentialgleichung

$$y'' + 4y' + 5y = 3x - 2$$

Suchen Sie die spezielle Lösung. Im Lehrbuch, Seite 214 ist der Lösungsweg angegeben.

$$y_{inh} = \ldots\ldots\ldots\ldots$$

Lösung gefunden ------------------------------ ▷   78

Erläuterung oder Hilfe erwünscht ------------------------------ ▷   74

6

$$\frac{d}{dx}(x^4) = 4\,x^3$$

....

Bilden Sie die 1. Ableitung:

$$\frac{d}{dx}\sin(\omega x - \varphi) = \ldots\ldots\ldots\ldots$$

$$\frac{d}{dx}\cos(\omega x - \varphi) = \ldots\ldots\ldots\ldots$$

------------------------------ ▷   7

40

Die allgemeine Lösung der linearen Differentialgleichung 1. und 2. Ordnung

Lösung homogener linearer Differentialgleichungen, der Exponentialansatz

Hier handelt es sich um einen größeren Arbeitsabschnitt. Teilen Sie sich die Arbeit in zwei oder drei Abschnitte ein, nach denen Sie jeweils kurz rekapitulieren. Auch wenn es gelegentlich schwer fällt, rechnen sie die Umformungen mit.

STUDIEREN SIE im Lehrbuch   9.2   Die allgemeine Lösung der linearen
                                      Differentialgleichung
                              9.2.1   Lösung homogener linearer Differential-
                                      gleichungen, der Exponentialansatz
                                      Lehrbuch Seite 205 - 212

BEARBEITEN SIE DANACH Lehrschritt   ------------------------------ ▷   41

74

Gegeben ist $y'' + 4y' + 5y = 3x - 2$ $f(x) = 3x - 2$ ist ein Polynom.

Der Lösungsansatz ist, das dürfte jetzt bekannt sein,

$$y_{inh} = A + Bx$$

Hinweis: x tritt in $f(x)$ nur in der 1. Potenz auf. Bilden Sie die Ableitungen:

$$y'_{inh} = \ldots\ldots\ldots\ldots \qquad\qquad y''_{inh} = \ldots\ldots\ldots\ldots$$

------------------------------ ▷   75

7

$$\frac{d}{dx}\sin(\omega x - \varphi) = \omega \cos(\omega x - \varphi)$$

$$\frac{d}{dx}\cos(\omega x - \varphi) = -\omega \sin(\omega x - \varphi)$$

....

Bilden Sie die Ableitung

$$\frac{d}{dx}e^x = \ldots\ldots\ldots\ldots$$

----------------------------------- ▷   8

41

Welches ist die charakteristische Gleichung der Differentialgleichung

$$y'' + 2y' - y = 0 \ ?$$

Benutzen Sie den Exponentialansatz

$$y = Ce^{rx}$$

Charakteristische Gleichung: ....

Lösung gefunden   ----------------------------- ▷   43

Erläuterung oder Hilfe erwünscht   ----------------------------- ▷   42

75

$$y'_{inh} = B \qquad\qquad y''_{inh} = 0 \qquad\qquad (\text{Erinnerung: } y = A + Bx)$$

Setzen Sie die Ergebnisse ein in die inhomogene Differentialgleichung:

$$y'' + 4y' + 5y = 3x - 2$$

$$\ldots\ldots\ldots\ldots = 3x - 2$$

----------------------------------- ▷   76

8

$$\frac{d}{dx}e^x = e^x$$

....

$$\frac{d}{dx}(e^{ax}) = \ldots\ldots\ldots\ldots\ldots$$

------------------------------ ▷   9

42

Hier ist ein Beispiel: Gegeben sei $y'' - 2y' - 3y = 0$

Exponentialansatz $y = Ce^{rx}$

1. Ableitung $y' = Cre^{rx}$

2. Ableitung $y'' = Cr^2 e^{rx}$

Dies setzen wir in die Differentialgleichung ein und erhalten $C \cdot e^{rx} \cdot (r^2 - 2r - 3) = 0$

Die charakteristische Gleichung lautet also: $(r^2 - 2r - 3) = 0$

Ermitteln Sie in gleicher Weise die charakteristische Gleichung der Differentialgleichung

$y'' + 2y' - y = 0$

$\ldots\ldots\ldots\ldots = 0$

------------------------------ ▷   43

76

$4B + 5A + 5Bx = 3x - 2$

Um A und B zu bestimmen, müssen wir umordnen und nach Potenzen von x sortieren.

$x (\ldots\ldots\ldots) + (\ldots\ldots\ldots\ldots) = 0$

Dann müssen die Klammern je für sich gleich 0 sein. Aus der ersten Klammer können Sie B bestimmen und aus der zweiten Klammer können sie A bestimmen.

$B = \ldots\ldots\ldots\ldots$ $A = \ldots\ldots\ldots\ldots$

------------------------------ ▷   77

9

$a \cdot e^{ax}$

....

Nachdem Sie das Differenzieren von Potenz-, sin-, cos- und e-Funktion wiederholt haben, werden wir diese Funktionen nun integrieren.

$$\int x^n dx = \dots\dots\dots\dots$$

------------------------------- ▷ 10

43

$r^2 + 2r - 1 = 0$

....

Geben Sie die charakteristische Gleichung der Differentialgleichung an

$$3y'' + 2y' - 2y = 0$$

Charakteristische Gleichung: ....

Lösen Sie diese quadratische Gleichung

Lösungen: $r_1 = \dots\dots\dots\dots$

$r_2 = \dots\dots\dots\dots$

Lösung gefunden   ------------------------------- ▷ 45

Erläuterung oder Hilfe erwünscht   ------------------------------- ▷ 44

77

$x\,(5B - 3) + (4B + 5A + 2) = 0$

Aus $(5B - 3) = 0$ folgt $B = \dfrac{3}{5}$

Aus $(4B + 5A + 2) = 0$ folgt $A = -\dfrac{22}{25}$

Damit wird die spezielle Lösung

$$y_{inh} = \dots\dots\dots\dots$$

------------------------------- ▷ 78

$$\int x^n dx = \frac{1}{n+1} x^{n+1} + C \qquad\qquad \text{für } n \neq -1$$

....

Berechnen Sie das unbestimmte Integral der Funktion

$$f(x) = x^3 + \frac{x^2}{2} + 3$$

$$\int f(x)\, dx = \dots\dots\dots\dots$$

------------------------------ ▷ 11

44

Beurteilen Sie Ihre Kenntnisse selbst. Entscheiden Sie, ob Sie die Abschnitte 9.2 und 9.2.1 nochmals durcharbeiten sollten. Lösen Sie anhand des Lehrbuchs die gegebene Differentialgleichung:

$$3y'' + 2y' - 2y = 0$$

Charakteristische Gleichung ....

Lösung der charakterischen Gleichung:

$r_1 = \dots\dots\dots\dots$

$r_2 = \dots\dots\dots\dots$

------------------------------ ▷ 45

$$y_{inh} = \tfrac{1}{25}\left(15x - 22\right)$$

....

Suchen Sie die spezielle Lösung der inhomogenen Differentialgleichung

$$y'' - 5y' + 6y = x^2$$

$$y_{inh} = \dots\dots\dots\dots$$

Lösung gefunden   ------------------------------ ▷ 84

Erläuterung oder Hilfe erwünscht   ------------------------------ ▷ 79

11

$$\int (x^3 + \tfrac{x^2}{2} + 3)\, dx = \frac{x^4}{4} + \frac{x^3}{6} + 3x + C$$

Falls Sie Schwierigkeiten hatten, lösen Sie die Aufgabe noch einmal mit Hilfe der Tabelle der Stammintegrale auf Seite 157 im Lehrbuch.

Berechnen Sie

$$\int \sin x\, dx = \ldots\ldots\ldots\ldots$$

$$\int \cos x\, dx = \ldots\ldots\ldots\ldots$$

Benutzen Sie bei Unsicherheit die Tabelle der Stammintegrale Seite 157 in Lehrbuch.

------------------------------ ▷ 12

45

$$3r^2 + 2r - 2 = 0$$
$$r_1 = -\tfrac{1}{3} + \sqrt{\tfrac{7}{9}}$$
$$r_2 = -\tfrac{1}{3} - \sqrt{\tfrac{7}{9}}$$

Geben Sie jetzt die allgemeine Lösung an für die Differentialgleichung $3y'' + 2y' - 2y = 0$

Charakteristische Gleichung und Lösungen stehen oben im Antwortfeld.

$$y = \ldots\ldots\ldots\ldots$$

Lösung gefunden ------------------------------ ▷ 49

Erläuterung oder Hilfe erwünscht ------------------------------ ▷ 46

79

Gegeben: $y'' - 5y' + 6y = x^2$

Der Ansatz ist $y_{inh} = A + Bx + Cx^2$

Hinweis: Obwohl in $f(x)$ nur x^2 steht, darf keine Potenz im Ansatz ausgelassen werden.

Geben Sie die Ableitungen an

$$y'_{inh} = \ldots\ldots\ldots\ldots$$

$$y''_{inh} = \ldots\ldots\ldots\ldots$$

------------------------------ ▷ 80

12

$$\int \sin x \, dx = -\cos x + C$$

$$\int \cos x \, dx = \sin x + C$$

....

$$\int \sin(\omega t - \varphi) \, dt = \dots\dots\dots\dots$$

$$\int \cos(\omega t - \varphi) \, dt = \dots\dots\dots\dots$$

Beachten Sie, daß die Integrationsvariable hier nicht x, sondern t genannt ist. Falls Sie dadurch unsicher sind, substituieren Sie für t die gewohnte Variable x.

-------------------------------- ▷   13

46

Lösungen der quadratischen Gleichung $3r^2 + 2r - 2 = 0$:

$$r_1 = -\tfrac{1}{3} + \sqrt{\tfrac{7}{9}} \qquad\qquad r_2 = -\tfrac{1}{3} - \sqrt{\tfrac{7}{9}}$$

Wenn der Radikand, d.h. der Ausdruck innerhalb der Wurzel, reell ist, so ist die Lösung der zugrunde liegenden Differentialgleichung gegeben durch die Formel:

$$y = C_1 e^{r_1 x} + C_2 e^{r_2 x}$$

Können sie jetzt die Lösung angeben? $y = \dots\dots\dots\dots$

Lösung gefunden -------------------------------- ▷   49

Erläuterung oder weitere Hilfe erwünscht -------------------------------- ▷   47

80

$$y'_{inh} = B + 2Cx$$

$$y''_{inh} = 2C \qquad\qquad \text{(Erinnerung } y = A + Bx + Cx^2 \text{)}$$

Setzen Sie nun ein in die Differentialgleichung

$$y'' - 5y' + 6y \ = x^2$$

$$\dots\dots\dots\dots \ = x^2$$

-------------------------------- ▷   81

13

$$\int \sin(\omega t - \varphi)\,dt = \frac{-\cos(\omega t - \varphi)}{\omega} + C$$

$$\int \cos(\omega t - \varphi)\,dt = \frac{\sin(\omega t - \varphi)}{\omega} + C$$

Integrieren Sie:

$$\int e^{ax}\,dx = \ldots\ldots\ldots\ldots$$

$$\int \frac{a}{x}\,dx = \ldots\ldots\ldots\ldots$$

------------------------------ ▷   14

47

Hier ist noch ein einfaches Beispiel. Gegeben ist die Differentialgleichung $4y'' - y = 0$

(1) Exponentialansatz: $y = Ce^{rx}$

(2) Charakteristische Gleichung $4r^2 - 1 = 0$

(3) Lösung der charakterischen Gleichung: $r_1 = +\frac{1}{2}$ $r_2 = -\frac{1}{2}$

(4) Die allgemeine Lösung der Differentialgleichung ist: $y = C_1 \cdot e^{r_1 x} + C_2 e^{r_2 x}$

Einsetzen von r_1 und r_2 aus (3) ergibt:

$$y = \ldots\ldots\ldots\ldots$$

------------------------------ ▷   48

81

$$2C - 5B - 10Cx + 6A + 6Bx + 6Cx^2 = x^2$$

Berechnen Sie nun A, B und C so, daß die Gleichung oben erfüllt ist

$C = \ldots\ldots\ldots\ldots$

$B = \ldots\ldots\ldots\ldots$

$A = \ldots\ldots\ldots\ldots$

Lösung gefunden   ------------------------------ ▷   83

Erläuterung oder Hilfe erwünscht   ------------------------------ ▷   82

14

$$\int e^{ax} dx = \frac{1}{a} e^{ax} + C$$

$$\int \frac{a}{x} dx = a \ln x + C$$

Hier haben Sie überprüft, ob Sie über die wichtigsten Voraussetzungen für das Studium der Differentialgleichungen verfügen. Im Zweifel lieber noch einige Übungaufgaben aus den Kapiteln 5, 6 und 8 lösen.

----------------------------------- ▷ 15

48

$$y = C_1 \cdot e^{\frac{x}{2}} + C_2 \cdot e^{-\frac{x}{2}}$$

Kehren wir zur ursprünglichen Aufgabe zurück:

Gegeben war: $\qquad 3y'' + 2y' - 2y = 0$

Charakteristische Gleichung $\qquad 3r^2 + 2r - 2 = 0$

Lösungen: $\quad r_1 = -\frac{1}{3} + \sqrt{\frac{7}{9}} \qquad\qquad r_2 = -\frac{1}{3} - \sqrt{\frac{7}{9}}$

Geben Sie nun nach dem Schema im vorhergehenden Lehrschritt die allgemeine Lösung an:

$\quad$ y = ...

----------------------------------- ▷ 49

82

Gegeben: $2C - 5B - 10Cx + 6A + 6Bx + 6Cx^2 = x^2$

Wir formen um und ordnen nach Potenzen von x

$$x^2 (6C - 1) + x(6B - 10C) + (2C - 5B + 6A) = 0$$

Alle Klammern müssen für sich gleich 0 sein. Aus der ersten Klammer kann C bestimmt werden.

$\quad 6C - 1 = 0 \qquad\qquad C = ...$

Mit diesem Ergebnis kann aus der 2. Klammer B bestimmt werden.

$\quad 6B - \frac{10}{6} = 0 \qquad\qquad B = ...$

Schließlich kann mit B und C aus der letzten Klammer jetzt A bestimmt werden.

$\quad A = ...$

----------------------------------- ▷ 83

Begriff der Differentialgleichung

Einteilung der Differentialgleichungen

Nach einem einführenden Beispiel wird die Einteilung der Differentialgleichung behandelt. Wichtig ist, daß sie sich die zunächst trockene Klassifizierung einprägen. Dafür ist es sehr hilfreich, sich ein Exzerpt anzufertigen. Die Mühe lohnt sich immer. Hier lohnt sie sich ganz besonders.

STUDIEREN SIE im Lehrbuch   9.1 Begriff der Differentialgleichung

Lehrbuch Seite 201 - 205

BEARBEITEN SIE DANACH Lehrschritt   -------------------------------- ▷   16

49

$$y = C_1 e^{(-\frac{1}{3}+\sqrt{\frac{7}{9}})\,x} + C_2 e^{(-\frac{1}{3}-\sqrt{\frac{7}{9}})\,x}$$

....

Die Differentialgleichung $16y'' - 8y' + 26y = 0$ hat die charakteristische Gleichung

$$16r^2 - 8r + 26 = 0$$

Diese Gleichung hat die beiden komplexen Lösungen

$$r_1 = \frac{1}{4} + i\frac{5}{4}$$

$$r_2 = \frac{1}{4} - i\frac{5}{4}$$

Geben Sie die reelle Lösung der Differentialgleichung an: y = ...

Lösung gefunden   -------------------------------- ▷   51

Erläuterung oder Hilfe erwünscht   -------------------------------- ▷   50

83

$$C = \frac{1}{6} \qquad\qquad B = \frac{5}{18} \qquad\qquad A = \frac{19}{108}$$

Damit ist die spezielle Lösung der inhomogenen Differentialgleichung gefunden.

$$y_{inh} = A + Bx + Cx^2 = ...$$

-------------------------------- ▷   84

16

Gegeben sei die Differentialgleichung

$$y' = a \cdot x + b$$

Es handelt sich um den Fall, den Sie schon jetzt lösen können, weil er auf eine einfache Integration führt.

$$y = \ldots\ldots\ldots\ldots$$

------------------------------- ▷   17

50

Differentialgleichung: $16y'' - 8y' + 26y = 0$

Charakterische Gleichung $16r^2 - 8r + 26 = 0$

Lösungen:

$$r_1 = \tfrac{1}{4} + i\tfrac{5}{4} \qquad\qquad r_2 = \tfrac{1}{4} - i\tfrac{5}{4}$$

Lösen Sie die Aufgabe jetzt schrittweise anhand des Lehrbuchs Seite 208. Es ist dort der 2. Fall.

Gesucht ist die reelle Lösung.

$$y = \ldots\ldots\ldots\ldots$$

------------------------------- ▷   51

84

$$y_{inh} = \tfrac{19}{108} + \tfrac{5}{18}x + \tfrac{1}{6}x^2 \quad \text{umgeformt} \quad y_{inh} = \tfrac{1}{108}(18x^2 + 30x + 19)$$

Suchen Sie die spezielle Lösung für die inhomogene Differentialgleichung

$$y''' - y'' - 6y = x^2 - 3x - 2$$

$$y_{inh} = \ldots\ldots\ldots\ldots$$

Lösung gefunden   ------------------------------- ▷   88
Erläuterung oder Hilfe erwünscht   ------------------------------- ▷   85

17

$$y = \frac{a}{2}x^2 + b\,x + C$$

Das hier benutzte Verfahren heißt

.... der Variablen   oder

.... der Variablen

Trennen Sie die Variablen der Differentialgleichung $y'' + 4x + 2 = 0$

Lösen Sie nun die Differentialgleichung ... = ...

$$y' = ...$$

$$y = ...$$

------------------------------- ▷ 18

51

$$y = e^{\frac{1}{4}x}\left(C_1 \cos\tfrac{5}{4}x + C_2 \sin\tfrac{5}{4}x\right)$$

Welches ist die allgemeine reelle Lösung der Differentialgleichung ?

$$3y'' + 5y' + 4y = 0$$

$$y = ...$$

------------------------------- ▷ 52

85

Gegeben: $y''' - y'' - 6y = x^2 - 3x - 2$

Neu ist an diesem Beispiel nur, daß y''' auftritt. Die Lösung folgt ganz und gar den bisherigen Beispielen.

Ansatz: $y_{inh} = ...$

$y'_{inh} = ...$

$y''_{inh} = ...$

$y'''_{inh} = ...$

------------------------ ▷ 86

18

Trennung der Variablen oder Separation der Variablen: $y'' = -4x - 2$

Lösung der Differentialgleichung $y' = -\frac{4}{2}x^2 - 2x + C_1$

$$y = -\frac{4}{2 \cdot 3}x^3 - \frac{2}{2}x^2 + C_1 x + C_2 = -\frac{2}{3}x^3 - x^2 + C_1 x + C_2$$

....

Auch im nächsten Beispiel ist es möglich, die Variablen zu trennen und die Differentialgleichung zu lösen

$$y' + y \cdot \frac{2}{x} = 0 \qquad y = \ldots\ldots\ldots\ldots$$

Lösung gefunden   -------------------------------- ▷ 21

Hilfe erwünscht   -------------------------------- ▷ 19

52

$$y = e^{-\frac{5}{6}x} \cdot \left(C_1 \cos\frac{\sqrt{23}}{6}x + C_2 \sin\frac{\sqrt{23}}{6}x \right)$$

Hinweis: Die Lösungen der charakteristischen Gleichung waren komplex.

$$r_1 = -\frac{5}{6} + i\frac{\sqrt{23}}{6} \qquad\qquad r_2 = -\frac{5}{6} - i\frac{\sqrt{23}}{6}$$

....

Berechnen Sie die allgemeine, reelle Lösung der Differentialgleichung

$$y'' + 2y' + 5y = 0$$

$$y = \ldots\ldots\ldots\ldots$$

-------------------------------- ▷ 53

86

Ansatz: $y_{inh} = A + Bx + Cx^2$ Hinweis: Ansatz richtet sich nach höchster Potenz in $f(x)$

$$y'_{inh} = 2Cx + B \qquad\qquad y''_{inh} = 2C \qquad\qquad y'''_{inh} = 0$$

Wir setzen ein in die inhomogene Differentialgleichung

$$y''' - y'' - 6y = x^2 - 3x - 2$$

$$\ldots\ldots\ldots\ldots = x^2 - 3x - 2$$

Ordnen Sie um und fassen Sie wieder nach Potenzen von x zusammen.

$$\ldots\ldots\ldots\ldots\ldots\ldots = 0$$

-------------------------------- ▷ 87

19

Gegeben ist $\qquad y' + y \cdot \dfrac{2}{x} = 0$.

Daraus folgt zunächst $\qquad y' = -2 \cdot \dfrac{y}{x}$

Jetzt kann man durch y dividieren und dann stehen links nur die Variable y und rechts nur die Variable x – bis auf dx.

$$\frac{y'}{y} = -2\frac{1}{x} \qquad \text{oder} \qquad \frac{1}{y} \cdot \frac{dy}{dx} = -\frac{2}{x}$$

Führen Sie die Trennung der Variablen vollständig durch

$$\frac{dy}{y} = \dots\dots\dots\dots$$

------------------------------------ ▷ 20

53

$y = e^{-x}\left(C_1 \cos 2x + C_2 \sin 2x\right)$

Rechengang: $\quad$ Charakteristische Gleichung: $r^2 + 2r + 5 = 0$

Lösungen: $\qquad r_1 = -1 + 2i \qquad\qquad r_2 = -1 - 2i$

Im Lehrbuch ist gezeigt – Seite 208-209, 2. Fall – daß die allgemeine reelle Lösung in der folgenden Form angegeben werden kann.

$$y = e^{-x}\left(A\cos 2x + B\sin 2x\right)$$

Das ist gleichwertig zu der oben angegebenen Form.

------------------------------------ ▷ 54

87

$$0 - 2C - 6A - 6Bx - 6Cx^2 = x^2 - 3x - 2$$
$$x^2(-6C - 1) + x(3 - 6B) + (-2C - 6A + 2) = 0$$

Berechnen Sie nun C, B und A

$$C = \dots\dots\dots \qquad\qquad B = \dots\dots\dots \qquad\qquad A = \dots\dots\dots$$

Damit erhalten Sie

$$y_{inh} = A + Bx + Cx^2 = \dots\dots\dots\dots$$

------------------------------------ ▷ 88

$$\frac{dy}{y} = -2\frac{dx}{x}$$

Jetzt können Sie auf beiden Seiten integrieren und erhalten

$$\int \frac{dy}{y} = -\int 2\frac{dx}{x}$$

.... = ...

Lösen Sie das Ergebnis nach y auf

$$y = \ldots\ldots\ldots\ldots$$

-------------------------------------- ▷ 21

Suchen Sie die Lösung der Differentialgleichung:

$$\frac{3}{2}y'' + \frac{1}{2}y' + \frac{1}{24}y = 0$$

$$y = \ldots\ldots\ldots\ldots$$

-------------------------------------- ▷ 55

$$y_{inh} = \frac{7}{18} + \frac{1}{2}x - \frac{1}{6}x^2$$

$$C = -\frac{1}{6} \qquad B = \frac{1}{2} \qquad A = \frac{7}{18}$$

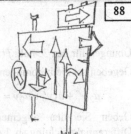

Übungen für den 3. Fall: $f(x)$ ist eine Exponentialfunktion ---------------------------- ▷ 89

Übungen für den 4. Fall: $f(x)$ ist eine trigonometrische Funktion ---------------------- ▷103*

Abschnitt 9.3 Variation der Konstanten ---------------------------- ▷116*

Um die Lehrschritte 103 und 116 zu finden, müssen Sie das Buch umdrehen.

Die Lehrschritte finden Sie dann im oberen Drittel der Seiten.

21

$$\ln y = -2 \ln x + C \qquad \text{nach } y \text{ aufgelöst}$$

$$y = \frac{1}{x^2} \cdot e^C$$

Wenn es möglich ist, die Variablen zu trennen, ist die Differentialgleichung praktisch gelöst. Dann bleiben nur noch Integrationen. Leider ist das nicht immer der Fall.

Welche der folgenden Gleichungen sind Differentialgleichungen?

a) $x^n = y^3$

b) $f(x) = 4x^{-1} + 3$

c) $f(x) = f'(x)$

d) $y = \left(y''\right)^3 + 2xy + 17$

---------------------------------- ▷ 22

55

$$y = c_1 \cdot e^{-\frac{x}{6}} + c_2 \cdot x \cdot e^{-\frac{x}{6}}$$

Lösung gefunden ---------------------------------- ▷ 58

Fehler gemacht oder Erläuterung erwünscht ---------------------------------- ▷ 56

89

Übungen für den 3. Fall: $f(x)$ ist eine Exponentialfunktion.

Gegeben sei die inhomogene Differentialgleichung

$$a_2 y'' + a_1 y' + a_0 y = C \cdot e^{\lambda x}$$

Geben Sie den allgemeinen Ansatz für die spezielle Lösung der inhomogenen Differentialgleichung an. Lehrbuch Seite 216

$$y_{inh} = \dots\dots\dots$$

---------------------------------- ▷ 90

22

Differentialgleichungen sind c) und d)

....

Welche der Gleichungen sind Differentialgleichungen?

a) $y' + C = y'' + y^3$

b) $f(x) = x^3 + 2x^2 + 3x + 5$

c) $y'' = (y')^5 + (y'')^2$

d) $y^3 = 2\,xy$

e) $y'' = y'$

f) $y = y^2$

------------------------------- ▷ 23

56

Die Differentialgleichung ist $\frac{3}{2} y'' + \frac{1}{2} y' + \frac{1}{24} y = 0$

Charakteristische Gleichung: $\frac{3}{2} r^2 + \frac{1}{2} r + \frac{1}{24} = 0$

Diese besitzt eine Doppelwurzel: $r_1 = r_2 = -\frac{1}{6}$

Nach Seite 211 des Lehrbuchs – 3. Fall – erhalten wir dann die Lösung

$$y = C_1 e^{-\frac{x}{6}} + C_2 x\, e^{-\frac{x}{6}}$$

Lösen Sie nun nach dem gleichen Schema die Differentialgleichung

$y'' - 2y' + y = 0$

$y = \dots\dots\dots$

------------------------------- ▷ 57

90

$y_{inh} = C \cdot e^{\lambda x}$

Suchen Sie – gegebenenfalls anhand des Lehrbuchs Seite 215 – die spezielle Lösung der inhomogenen Differentialgleichung

$y'' + 5y' - 14y = 2e^x$

$$y_{inh} = \dots\dots\dots$$

Lösung gefunden   ------------------------------- ▷ 92

Erläuterung oder Hilfe erwünscht   ------------------------------- ▷ 91

23

Differentialgleichungen sind a), c) und e)

....

Welche der folgenden Differentialgleichungen sind von zweiter Ordnung ?

a) $(y'')^3 + (y')^4 + y^5 = C$

b) $\qquad y^2 + (y')^2 = x$

c) $\qquad\qquad y'' = 0$

d) $\qquad y''' + y'' = 0$

-------------------------------- ▷   24

57

$y = C_1 e^x + C_2 x e^x$

....

Das Lösen von Differentialgleichungen mit Hilfe des Exponentialansatzes ist das wichtigste Thema dieses Kapitels. Damit können Sie einen großen Teil der in der Praxis auftretenden Differentialgleichungen lösen. Daher noch eine Aufgabe.

$\qquad 2y' = 3y$

$\qquad y = \ldots\ldots\ldots\ldots$

Lösung gefunden -------------------------------- ▷   60

Erläuterung oder Hilfe erwünscht -------------------------------- ▷   58

91

Gegeben $\qquad y'' + 5y' - 14y = 2e^x$

Lösungsansatz: $\quad y_{inh} = C \cdot e^x$

Wir bilden die Ableitungen:

$\qquad\qquad y'_{inh} = \ldots\ldots\ldots\ldots \qquad y''_{inh} = \ldots\ldots\ldots\ldots$

Wir setzen ein in die inhomogene Differentialgleichung und erhalten

$$C \cdot e^x + 5C \cdot e^x - 14C \cdot e^x = 2 \cdot e^x$$

Teilen Sie durch e^x und rechnen Sie C aus.

$\qquad\qquad C = \ldots\ldots\ldots\ldots$

Setzen Sie ein $\quad y_{inh} = C \cdot e^x = \ldots\ldots\ldots\ldots$

-------------------------------- ▷   92

24

a) und c)

....

Lösung gefunden   ------------------------------ ▷ 27

Hilfe erwünscht   ------------------------------ ▷ 25

58

Auch bei homogenen linearen Differentialgleichungen erster Ordnung können wir mit Hilfe des Exponentialansatzes die gesuchte Funktion bestimmen. Die Differentialgleichung sei:

$$a_1 y' + a_0 y = 0$$

Der Ansatz ist: $y = C \cdot e^{rx}$.

Dann lautet die charakteristische Gleichung:

$$a_1 \cdot r + a_0 = 0$$

Sie hat die Lösung:

$$r = \ldots\ldots\ldots\ldots$$

-------------------------------- ▷ 59

92

$$y_{inh} = -\frac{1}{4} e^x$$

....

Suchen Sie die Lösung der inhomogenen Differentialgleichung

$$2y'' + 7y' - 15y = 3e^{2x}$$

$$y_{inh} = \ldots\ldots\ldots\ldots$$

Lösung gefunden   -------------------------------- ▷ 94

Erläuterung oder Hilfe erwünscht   -------------------------------- ▷ 93

25

Eine Differentialgleichung heißt von 2. Ordnung, wenn die höchste Ableitung der gesuchten Funktion, die in der Differentialgleichung auftritt, die zweite Ableitung ist.

Kreuzen Sie die Differentialgleichungen zweiter Ordnung an:

a) $y'' + y''' = 0$

b) $y'' + C = y^3$

c) $y' = 2xy + y^2$

d) $0 = y' - y''$

------------------------------ ▷ 26

59

$$r = -\frac{a_0}{a_1}$$

Die allgemeine Lösung der homogenen Differentialgleichung erster Ordnung besitzt also die Form:

$$y = Ce^{rx} = Ce^{-\frac{a_0}{a_1}x}$$

Wir bestimmen nun den Faktor $r = -\dfrac{a_0}{a_1}$ für die gegebene Differentialgleichung: $2y' = 3y$.

Wir formen um: $2y' - 3y = 0$.

In diesem Fall ist $a_1 = 2$ und $a_0 = -3$.

Damit können Sie die Lösung angeben: $y = \ldots\ldots\ldots$

------------------------------ ▷ 60

93

Gegeben $2y'' + 7y' - 15y = \ 3 \cdot e^{2x}$

Lösungsansatz $y_{inh} = \ C \cdot e^{2x}$

Wir bilden die Ableitungen: $y'_{inh} = \ \ldots\ldots\ldots$ $y''_{inh} = \ \ldots\ldots\ldots$

Dies wird eingesetzt in die Differentialgleichung

$$e^{2x} \cdot C(8 + 14 - 15) = \ 3 \cdot e^{2x}$$

Daraus ergibt sich $C = \ \ldots\ldots\ldots$

$$y_{inh} = C \cdot e^{2x} = \ \ldots\ldots\ldots$$

------------------------------ ▷ 94

$$\boxed{26}$$

Differentialgleichungen 2. Ordnung sind: b) und d)

....

Einteilungen zu üben ist mühselig. Die Arbeit wird sich aber später auszahlen, weil es dann weniger Mißverständnisse gibt – und am Ende sparen Sie sogar Zeit.

-------------------------------- ▷ 27

$$\boxed{60}$$

$$y = C\, e^{\frac{3}{2}x}$$

....

Abschließend fassen wir das Lösungsschema zusammen. Die allgemeine Gleichung heißt:

$$a_2 y'' + a_1 y' + a_0 y = 0$$

Die Lösung erfolgt in drei Schritten:

1. Schritt: Aufstellen der charakteristischen Gleichung:

y'' ersetzen durch r^2

y' ersetzen durch r

y erstzen durch 1

2. Schritt: Berechnung der Lösungen r_1 und r_2 der quadratischen Gleichung.

-------------------------------- ▷ 61

$$\boxed{94}$$

$$y'_{inh} = 2C \cdot e^{2x} \qquad y''_{inh} = 4C \cdot e^{2x}$$

$$C = \frac{3}{7} \qquad y_{inh} = \frac{3}{7} \cdot e^{2x}$$

....

Gegeben sei die Differentialgleichung

$$a_2 y'' + a_1 y' + a_0 y = A \cdot e^{\lambda x}$$

Bisher hatten wir Erfolg mit dem Ansatz

$$y_{inh} = C \cdot e^{\lambda x}$$

Dieser Ansatz führt *immer* zum Erfolg -------------------------------- ▷ 95

Dieser Ansatz führt *nicht immer* zum Erfolg -------------------------------- ▷ 96

27

Welche der folgenden Differentialgleichungen sind linear?

a) $c_2 y'' + c_1 y' + c_0 y = f(x)$

b) $xy'' + x^2 y' = y$

c) $(y'')^2 + y' = y + C$

d) $y' = y^3$

------------------------------- ▷ 28

61

3. Schritt: Bestimmung der allgemeinen Lösung nach den drei möglichen Fällen.

a) r_1, r_2 reell

b) r_1, r_2 komplex

c) $r_1 = r_2$ reell

Ein derartiges allgemeines Verfahren zur Lösung aller Aufgaben einer gegebenen Aufgabenklasse bezeichnet man als *Algorithmus.*

Ein Algorithmus ist eine Operationsfolge, die mit Sicherheit zur Lösung eines Problems führt.

------------------------------- ▷ 62

95

Leider haben Sie NICHT recht. Dieser Ansatz, das ist im Lehrbuch gezeigt, *versagt,* wenn λ eine Lösung der charakteristischen Gleichung für die homogene Differentialgleichung ist. Das sei hier gezeigt. Gegeben:

$$a_2 y'' + a_1 y' + a_0 y = A \cdot e^{\lambda x}$$

Charakterische Gleichung der homogenen Differentialgleichung:

$$a_2 r^2 + a_1 r + a_0 = 0 . \text{ Eine Lösung sei } r = \lambda .$$

Dann führt unser Ansatz $y_{inh} = C \cdot e^{\lambda x}$ zur Bestimmungsgleichung:

$$C = \frac{A}{a_2 \lambda^2 + a_1 \lambda + a_0} = \frac{A}{0} \quad \text{Das bedeutet, } A \text{ ist nicht definierbar.}$$

------------------------------- ▷ 96

28

a, b

Lösung gefunden   ----------------------------- ▷   31

Hilfe und Erläuterung erwünscht   ----------------------------- ▷   29

62

Bei der Abarbeitung von Algorithmen treten oft Entscheidungsprozesse auf. In unserem Beispiel kann die Lösung der quadratischen Gleichung auf drei mögliche Typen führen, die jeweils andere Lösungen ergeben.

Der Begriff des Algorithmus läßt sich sinngemäß auch auf menschliche Verhaltensweisen übertragen.

Beispiele dafür sind die hier häufig erwähnten Arbeitstechniken, die man als Regeln zur zweckmäßigen Aufnahme, Verarbeitung, Speicherung und Wiedergabe von Information ansehen kann.

--------------------------------- ▷   63

96

NEIN ist die richtige Antwort.

Unser Ansatz $y_{inh} = C \cdot e^{\lambda x}$ versagt, wenn λ eine Lösung der charakteristischen Gleichung für die inhomogene Differentialgleichung ist.

Suchen Sie im Lehrbuch Seite 216 den Lösungsansatz für den Fall, daß λ bereits eine Lösung der inhomogenen Differentialgleichung ist.

Gegeben: $a_2 y'' + a_1 y' + a_0 y = A \cdot e^{\lambda x}$

$$y_{inh} = \ldots\ldots\ldots\ldots$$

--------------------------------- ▷   97

Eine Differentialgleichung ist nach Definition linear, wenn ihre Ableitungen $y' + y'', \dots$ und die Funktion y selbst nur in der ersten Potenz vorkommen.

Geben Sie an, welche der untenstehenden Differentialgleichungen linear sind:

a) $y' + y'' + y^2 = 0$

b) $y'' + 3xy + C = 0$

c) $\qquad y' = C + x^2$

d) $\qquad y' + y'' = 2xy + 5$

------------------------------- ▷ 30

Beim Rechnen von Übungsaufgaben sind beispielsweise folgende Handlungsregeln möglich:

Regel 1: Freiwillige Übungsaufgaben werden nicht gerechnet.
Regel 2: Freiwillige Übungsaufgaben werden immer gerechnet.
Regel 3: Freiwillige Übungsaufgaben werden so lange gerechnet, bis man zwei Aufgaben eines Typs nacheinander ohne Fehler gelöst hat. Dann wird abgebrochen.

Unter dem Gesichtspunkt der Lern- und Zeitökonomie kann man diese drei Regeln miteinander vergleichen:

Regel 1 kann lernökonomisch ungünstig und zeitökonomisch kurzfristig optimal sein;
Regel 2 kann lernökonomisch günstig, aber wenig zeitökonomisch sein;
Regel 3 kann sowohl lern- wie auch zeitökonomisch sein.

Entscheiden Sie selbst, nach welchen Regeln Sie arbeiten wollen.

------------------------------- ▷ 64

$$y_{inh} = Cx \cdot e^{\lambda x}$$

Suchen Sie die spezielle Lösung der inhomogenen Differentialgleichung:

$$y'' + 2y' - 3y = 4 \cdot e^x$$

$$y_{inh} = \dots\dots\dots\dots$$

Lösung gefunden   ------------------------------- ▷ 99

Erläuterung oder Hilfe erwünscht   ------------------------------- ▷ 98

30

Linear sind die Differentialgleichungen: b), c), d)

Den Mut nur nicht verlieren – und ihre Exzerpte benutzen. Die haben Sie doch angefertigt – oder?

------------------------------ ▷ 31

64

Allgemeine Lösung der inhomogenen Differentialgleichung zweiter Ordnung mit konstanten Koeffizienten

Der allgemeine Inhalt dieses Abschnitts ist einfach: Die allgemeine Lösung einer inhomogenen Differentialgleichung setzt sich zusammen aus der Lösung der inhomogenen Differentialgleichung und – zusätzlich – der bereits besprochenen Lösung der homogenen Differentialgleichung. Schwieriger ist es, spezielle Lösungen der inhomogenen Differentialgleichung zu finden. Dafür gibt es keinen Algorithmus. Häufiger vorkommende Beispiele werden angegeben und sind bei Bedarf zu konsultieren.

STUDIEREN SIE im Lehrbuch   9.2.2   Allgemeine Lösung der inhomogenen linearen
                                         Differentialgleichung zweiter Ordnung mit
                                         konstanten Koeffizienten
                                         Lehrbuch Seite 212 - 217

BEARBEITEN SIE DANACH   ------------------------------ ▷ 65

98

Gegeben sei: $y'' + 2y' - 3y = 4 \cdot e^x$

Charakteristische Gleichung der homogenen Differentialgleichung

$$r^2 + 2r - 3 = 0 \qquad\qquad r_1 = 1 \qquad\qquad r_2 = -3$$

$r_1 = 1$ ist hier identisch mit $\lambda = 1$. In diesem Fall hilft nur der Ansatz

$$y_{inh} = C \cdot x \cdot e^{\lambda x} = C \cdot x \cdot e^x$$

Ableitungen: $y'_{inh} = C \cdot x \cdot e^x + C \cdot e^x$ $\qquad\qquad$ $y''_{inh} = C \cdot x \cdot e^x + 2C \cdot e^x$

Eingesetzt erhalten wir $C \cdot e^x (x + 2 + 2x + 2 - 3x) = 4 \cdot e^x$. Daraus folgt: $C = \ldots\ldots\ldots\ldots$

$$y_{inh} = \ldots\ldots\ldots\ldots$$

------------------------------ ▷ 99

$$\boxed{31}$$

Welche der folgenden Differentialgleichungen sind homogen?

a) $y'' + y + C = 0$

b) $\quad y'' + y = x^3$

c) $y'' + f(x) = 0$

d) $\quad y' + y = 0$

\- ▷   32

$$\boxed{65}$$

Gegeben sei eine inhomogene Differentialgleichung:

$$a_2 y'' + a_1 y' + a_0 y = f(x)$$

Die zugehörige homogene Differentialgleichung ist:

$$a_2 y'' + a_1 y' + a_0 y = 0$$

Die homogene Differentialgleichung habe die Lösung y_h. Die inhomogene habe die Lösung y_{inh}. Geben Sie die allgemeine Lösung der inhomogenen Differentialgleichung an.

$$y = \dots\dots\dots\dots$$

\- ▷   66

$$\boxed{99}$$

$$y_{inh} = x \cdot e^x \qquad (C = 1)$$

Die folgende Differentialgleichung tritt bei erzwungenen Schwingungen mit Dämpfung in Mechanik und Nachrichtentechnik auf. Die Notierung ist gewechselt.

$$\ddot{x} + \gamma \cdot \omega_0 \dot{x} + \omega_0^2 x = F \cdot e^{i\omega t}$$

Suchen Sie die spezielle Lösung (γ, ω_0 und ω sind Konstante. t ist die Zeit, $\ddot{x}$ ist die zweite Ableitung nach der Zeit.)

$$x_{inh} = \dots\dots\dots\dots$$

$$\text{Amplitude} = \dots\dots\dots\dots$$

Lösung gefunden

\- ▷ 102

Erläuterung oder Hilfe erwünscht

\- ▷ 100

32

Differentialgleichung d) ist homogen
....

Lösung gefunden   ----------------------------- ▷ 35

Hilfe oder weitere Übung erwünscht   ----------------------------- ▷ 33

66

$$y = y_h + y_{inh}$$

....

Die *allgemeine* Lösung der inhomogenen Differentialgleichung ist die Summe der Lösungen der homogenen und der inhomogenen Differentialgleichung.

Die Regel gilt allgemein für inhomogene Differentialgleichungen beliebiger Ordnung. Wir werden Sie aber in dem Kapitel nur auf Differentialgleichungen 1. und 2. Ordnung anwenden.

Diese Regel ist im Lehrbuch bewiesen auf Seite 214.

----------------------------- ▷ 67

100

Gegeben: $\ddot{x} + \gamma\omega_0\,\dot{x} + \omega_0^2 x = F \cdot e^{i\omega t}$

Die Notierung ist neu. Die Gleichung ist von dem Typ, den wir bereits behandelten. $F \cdot e^{i\omega t}$ entspricht $A \cdot e^{\lambda x}$ mit $F = A$ und $\lambda x = i\omega t$.

Bei Schwierigkeiten substituieren Sie und arbeiten Sie in der vertrauten Notierung.

Ansatz: $x_{inh} = A \cdot e^{i\omega t}$

Ableitungen: $\dot{x}_{inh} = i\omega A \cdot e^{i\omega t}$ $\ddot{x}_{inh} = -\omega^2 A \cdot e^{i\omega t}$

Eingesetzt in die obige Gleichung:

$$\ldots\ldots\ldots\ldots = F \cdot e^{i\omega t}$$

----------------------------- ▷ 101

33

Benutzen Sie die Definitionen für eine homogene Differentialgleichung im Lehrbuch.
Welche der folgenden Differentialgleichungen sind homogen?

a) $y'' + x = C$

b) $xy' = 0$

c) $xy' = x$

d) $y'' + y' = 2xy^2$

-------------------------------- ▷   34

67

Gegeben sei die inhomogene Differentialgleichung $y'' + 3y' = x + \frac{1}{3}$

Dann ist die homogene Differentialgleichung $y'' + 3y' = 0$

Die Lösung der homogenen Differentialgleichung ist:

$$y_h = C_1 + C_2 e^{-3x}$$

Eine spezielle Lösung der inhomogenen Differentialgleichung ist

$$y_{inh} = \frac{x^2}{6} \quad \text{(Bitte überprüfen)}$$

Allgemeine Lösung der gegebenen inhomogenen Differentialgleichung

$$y = \ldots\ldots\ldots\ldots$$

-------------------------------- ▷   68

101

$$A \cdot e^{i\omega t}(-\omega^2 + i\gamma\omega_0\omega + \omega_0^2) = F \cdot e^{i\omega t}$$

Wir kürzen und stellen um

$$A = \frac{F}{(\omega_0^2 - \omega^2 + i\gamma\omega_0\omega)}$$

Also $x_{inh} = \ldots\ldots\ldots\ldots$

Der Bruch ist eine komplexe Zahl. Wir erhalten den Betrag dieser komplexen Zahl.

$$\left| x_{inh} \right| = \ldots\ldots\ldots\ldots$$

Hinweis: $z = a + ib$ $|z| = \sqrt{a^2 + b^2}$

-------------------------------- ▷   102

Die Differentialgleichungen b) und d) sind homogen.

Jetzt geht es weiter mit den Lehrschritten auf der **Mitte der Seiten.**

BLÄTTERN SIE ZURÜCK   -------------------------------- ▷ 35

$$y = C_1 + C_2 e^{-3x} + \frac{x^2}{6}$$

Suchen Sie eine spezielle Lösung y_{inh} der homogenen Differentialgleichung

$$y'' + 23y' + 15y = 6$$

$$y_{inh} = \ldots\ldots\ldots\ldots$$

Hinweis: Es handelt sich um den 1. Fall auf Seite 214 im Lehrbuch.

Jetzt geht es weiter mit den Lehrschritten im **unteren Drittel der Seiten.**

Lösung gefunden   -------------------------------- ▷ 70
Erläuterung oder Hilfe erwünscht   -------------------------------- ▷ 69
BLÄTTERN SIE ZURÜCK

$$x_{inh} = \frac{F}{(\omega_0^2 - \omega^2) + i\gamma\omega_0\omega} \cdot e^{i\omega t}$$

Amplitude $\left| x_{inh} \right| = \dfrac{F}{\sqrt{(\omega_0^2 - \omega^2)^2 + \gamma^2 \omega_0^2 \omega^2}}$

Bei Schwierigkeiten zurückblättern auf Lehrschritt 100.

Übungen für den 4. Fall $f(x)$ ist eine trigonometrische Funktion ---------------------- ▷ 103
Abschnitt 9.3 Variation der Konstanten   -------------------------------- ▷ 116

Jetzt müssen Sie das **Buch umdrehen.**
Die weiteren Lehrschritte finden Sie auf den **gegenüberliegenden Seiten im oberen Drittel.** Und nun: BUCH UMDREHEN.

Übungen für den 4. Fall: $f(x)$ ist eine trigonometrische Funktion.

Lehrbuch Seite 217 und 218.

Die Ladung Q in einem elektrischen Kreis ist gegeben durch

$$\ddot{Q} + 2\dot{Q} + 2Q = 3\sin 2t$$

Suchen Sie die spezielle Lösung der inhomogenen Differentialgleichung

$$Q_{inh} = \ldots\ldots\ldots\ldots$$

Lösung gefunden   -------------------------------- ▷ 109

Hilfe, Erläuterung und Rechengang   -------------------------------- ▷ 104

$$C = v_0$$
$$v(t) = -gt + v_0$$

-------------------------------- ▷ 127

Wie lautet die allgemeine Lösung der Differentialgleichung des ungedämpften, freien harmonischen Oszillators ?

$$\ddot{x}(t) = -\omega_0^2 x(t)$$

mit

$$\omega_0^2 = \frac{D}{m}$$

$$x(t) = \ldots\ldots\ldots\ldots$$

-------------------------------- ▷ 150

104

Übersichtlicher und vertrauter wird die Differentialgleichung, wenn Sie substituieren und die vertraute Notierung herstellen.

Gegeben: $\ddot{Q} + 2\dot{Q} + 2Q = 3\sin 2t$ mit $y = Q$ und $x = t$ wird daraus

$$y'' + 2y' + 2y = 3\sin 2x$$

Wie im Lehrbuch – Seite 217 – setzen wir an

$$y_{inh} = A\sin 2x + B\cos 2x$$

Ableitungen: $y'_{inh} = \ldots\ldots\ldots\ldots$

$y''_{inh} = \ldots\ldots\ldots\ldots$

------------------------------ ▷ 105

127

Randwertprobleme bei Differentialgleichungen 2. Ordnung

STUDIEREN SIE im Lehrbuch   9.4.2 Randwertprobleme bei
Differentialgleichungen 2. Ordnung
9.4.3 Freier Fall
Lehrbuch, Seite 221 - 222

BEARBEITEN SIE DANACH Lehrschritt   -------------------------------- ▷ 128

150

$$x(t) = C_1 \cos\omega_0 t + C_2 \sin\omega_0 t \qquad \text{oder} \qquad x(t) = C\cos(\omega_0 t - \varphi)$$

Aufgabe richtig gelöst   -------------------------------- ▷ 152

Aufgabe falsch gelöst   -------------------------------- ▷ 151

105

$$y'_{inh} = 2A\cos(2x) - 2B\sin(2x)$$
$$y''_{inh} = -4A\sin(2x) - 4B\cos(2x)$$

Dies setzen wir ein in die Differentialgleichung. Hier geduldig und ruhig rechnen.

$$y'' + 2y' + 2y = 3\sin 2x$$
$$\ldots\ldots\ldots\ldots\ldots = 3\sin 2x$$

---------------------------------- ▷ 106

128

Die Differentialgleichung $\ddot{x} = -g$ hat die allgemeine Lösung

$$x(t) = -\frac{g}{2}t^2 + C_1 t + C_2$$

Bestimmen Sie diejenige spezielle Lösung, die folgende Bedingung erfüllt

a) $x(0) = 0$

b) $\dot{x}(0) = v_0$

$$x(t) = \ldots\ldots\ldots\ldots$$

---------------------------------- ▷ 129

151

Rechnen Sie noch einmal die allgemeine Lösung der Differentialgleichung mit Hilfe des Exponentialansatzes aus, oder verifizieren Sie die angegebene Lösung.

Falls Sie Schwierigkeiten mit dem Exponentialansatz haben, lösen Sie die Aufgabe anhand des Lehrbuches.

DANACH ---------------------------------- ▷ 152

106

$$-4A\sin 2x - 4B\cos 2x + 4A\cos 2x - 4B\sin 2x + 2A\sin 2x + 2B\cos 2x = 3\sin 2x$$

Diese – etwas lange – Gleichung wird umgeordnet und sortiert nach Termen mit $\sin 2x$ und $\cos 2x$

.... = 0

Da sich $\sin 2x$ und $\cos 2x$ in unterschiedlicher Weise ändern, müssen die Terme zusammengefaßt je für sich die Gleichung erfüllen. Damit erhalten wir zwei Gleichungen:

$\sin 2x$ (.............................) = 0

$\cos 2x$ (.............................) = 0

-------------------------------- ▷ 107

129

$$x(t) = -\tfrac{g}{2}t^2 + v_0 t$$

Lösungsweg: 1. Bedingung: $x(0) = C_2 = 0$

also $C_2 = 0$

2. Bedingung: $\dot{x}(0) = C_1 = v_0$

-------------------------------- ▷ 130

152

Die letzte Aufgabe hatte zwei gleichwertige Lösungen:

$x(t) = C_1 \cos\omega_0 t + C_2 \sin\omega_0 t$ oder $x(t) = C\cos(\omega_0 t - \varphi)$

Die Umrechnung der beiden Lösungen geschieht mit Hilfe des Additionstheorems.

$$\cos(\alpha - \beta) = \cos\alpha\cos\beta + \sin\alpha\sin\beta$$

Mit $\alpha = \omega_0 t$ und $\beta = \varphi$ wird

$x(t) = C\cos(\omega_0 t - \varphi) = C\cos\omega_0 t\cos\varphi + C\sin\omega_0 t\sin\varphi$

$= C_1\cos\omega_0 t + C_2\sin\omega_0 t$

mit $C_1 = C\cos\varphi$ und $C_2 = C\sin\varphi$

Welche Bedeutung haben die Konstanten

1) C ....   2) ω_0 ....   3) φ ....

-------------------------------- ▷ 153

107

$\sin 2x(-4A - 4B + 2A - 3) + \cos 2x(-4B + 4A + 2B) = 0$

$\sin 2x(-4A - 4B + 2A - 3) = 0$

$\cos 2x(-4B + 4A + 2B) = 0$

Die Klammern müssen gleich Null sein. Das ergibt Bestimmungsgleichungen für A und B. Berechnen Sie zuerst aus der unteren Klammer

$4A = \ldots\ldots\ldots\ldots$ $\qquad\qquad$ $A = \ldots\ldots\ldots\ldots$

Dann setzen Sie A in die obere Klammer ein und berechnen aus der oberen Klammer B:

$B = \ldots\ldots\ldots\ldots$ $\qquad\qquad$ $A = \ldots\ldots\ldots\ldots$

-------------------------------- ▷ 108

130

Gegeben sei die Differentialgleichung $\qquad y'' - 3y' + \frac{9}{4}y = 0$

Sie hat die allgemeine Lösung $\qquad\qquad y(x) = C_1 \cdot e^{\frac{3}{2}x} + C_2 x \cdot e^{\frac{3}{2}x}$

Sie soll zwei Randbedingungen genügen:

1. Randbedingung: $\quad x = \frac{2}{3} \quad y = 3e$

2- Randbedingung: $\quad x = \frac{2}{3} \quad y' = \frac{15}{2}e$

Gesucht ist die spezielle Lösung, die beiden Randbedingungen genügt.

$C_1 = \ldots\ldots\ldots\ldots$ $\qquad\qquad$ $C_2 = \ldots\ldots\ldots\ldots$

Lösung gefunden $\qquad\qquad$ -------------------------------- ▷ 133

Erläuterung oder Hilfe erwünscht $\qquad$ -------------------------------- ▷ 131

153

1) C: $\quad$ Amplitude der Funktion.

2) ω_0: Kreisfrequenz der Schwingung. Es gilt $\omega_0 = \dfrac{2\pi}{T}$; $\quad T$: Schwingungsdauer

3) φ $\quad$ Phasenwinkel, d.h. Maß für die Auslenkung zum Zeitpunkt $t = 0$
(Anfangszustand)

Hinweis: Im Kapitel 3 sind die trigonometrischen Funktionen behandelt. Notfalls wiederholen.

-------------------------------- ▷ 154

108

$4A=2B$ $\qquad A = \frac{1}{2}B$

$B=-\frac{6}{10}$ $\qquad A = -\frac{3}{10}$

....

Jetzt können Sie einsetzen in

$$y_{inh} = A\sin 2x + B\cos 2x$$

$y_{inh} = \ldots\ldots\ldots\ldots\ldots$

Mit $y = Q$ und $x = t$ geben Sie nun die Lösung an:

$Q_{inh} = \ldots\ldots\ldots\ldots$

------------------------------ ▷ 109

131

Hilfe: Die allgemeine Lösung war

$$y(x) = C_1 \cdot e^{\frac{3}{2}x} + C_2 \cdot x \cdot e^{\frac{3}{2}x}$$

Wir haben zwei Integrationskonstante und zwei Randbedingungen

1. Randbedingung: $x = \frac{2}{3}$ $\quad y = 3e$

2. Randbedingung: $x = \frac{2}{3}$ $\quad y' = \frac{15}{2}e$

Die spezielle Lösung muß also durch den mit der ersten Randbedingung festgelegten Punkt gehen und in diesem Punkt die durch die 2. Randbedingung gegebene Steigung haben.

Wir setzen die erste Randbedingung ein und erhalten

$y(\frac{2}{3}) = 3e = \ldots\ldots\ldots\ldots$

------------------------------ ▷ 132

154

Die Lösung der Differentialgleichung $m\ddot{x} + Dx = 0$ eines freien, ungedämpften harmonischen Oszillators war

$$x(t) = C_1 \cdot \cos \omega_0 t + C_2 \cdot \sin \omega_0 t$$
$$= C \cdot \cos(\omega_0 t + \varphi)$$

Abkürzung: $\omega_0 = \sqrt{\frac{D}{m}}$

Bestimmen Sie die Konstanten C und φ für folgende Randbedingungen:

1. Die maximale Auslenkung sei x_{max}.
2. Der Betrag der Geschwindigkeit ist zu Beginn der Bewegung gleich der halben Maximalgeschwindigkeit $x = \ldots\ldots\ldots\ldots$

Bemerkung: Es gilt die Beziehung $\sin\frac{\pi}{6} = 0{,}5$

Lösung gefunden $\qquad$ ------------------------------ ▷ 156

Erläuterung oder Hilfe erwünscht $\qquad$ ------------------------------ ▷ 155

109

$$y_{inh} = -\frac{3}{10}\sin 2x - \frac{6}{10}\cos 2x$$

$$Q_{inh} = -\frac{3}{10}\sin 2t - \frac{6}{10}\cos 2t$$

Jetzt soll der Strom I bestimmt werden

$$I = \frac{dQ}{dt} = \dot{Q} = \dots\dots\dots\dots$$

------------------------------- ▷ 110

132

$$3_e = C_1 e + C_2 \cdot \frac{2}{3} \cdot e \qquad \text{(I)}$$

Um die 2. Randbedingung einzusetzen müssen wir die Differentialgleichung differenzieren:

$$y'(x) = \frac{3}{2}C_1 e^{\frac{3}{2}x} + C_2 e^{\frac{3}{2}x} + \frac{3}{2}C_2\, x\, e^{\frac{3}{2}x}$$

Wir setzen ein $x = \frac{2}{3},\quad y' = \frac{15}{2}e$

$$y'(\tfrac{2}{3}) = \frac{15}{2}e = \frac{3}{2}C_1 e + C_2 e + \frac{3}{2}C_2 \cdot \frac{2}{3} \cdot e \quad \text{(II)}$$

Aus den Bestimmungsgleichungen (I) und (II) erhalten wir – nachdem wir durch e kürzen –

$C_1 = \dots\dots\dots\dots$ $\qquad\qquad$ $C_2 = \dots\dots\dots\dots$

Die spezielle Lösung ist dann $\qquad\qquad$ $y = \dots\dots\dots\dots$

------------------------------- ▷ 133

155

Zu Bedingung 1: Die maximale Amplitude liegt vor, wenn die cos-Funktion den Wert 1 erreicht.

$$x_{max} = C$$
$$C = x_{max}$$

Zu Bedingung 2: Die Geschwindigkeit ist gleich $\frac{d}{dt}x(t)$

$$\dot{x}(t) = -\omega_0 \cdot C \cdot \sin(\omega_0 t + \varphi)$$

Die Maximalgeschwindigkeit ist also

$$\dot{x}_{max} = \omega_0 C$$

Für $t = 0$ sei der Betrag der Geschwindigkeit gleich der halben Maximalgeschwindigkeit:

$$\omega_0 \cdot C \cdot \sin\varphi = \omega_0 \cdot \frac{C}{2} \qquad\qquad \sin\varphi = \frac{1}{2} \qquad\qquad \varphi = \frac{\pi}{6}$$

------------------------------- ▷ 156

110

$$I = \dot{Q} = \tfrac{6}{5}\sin 2t - \tfrac{3}{5}\cos 2t$$

Hinweis: Die beiden trigonometrischen Funktionen lassen sich zusammenfassen. Das ist im Lehrbuch – Seite 75 – gezeigt. Sie können verifizieren, daß gilt:

$$I = \dot{Q} = \frac{\sqrt{45}}{5}\cdot \sin\!\left(2t + \varphi_0\right) \qquad\qquad \tan\varphi_0 = -2$$

Weiter sei darauf hingewiesen, daß die allgemeine Lösung sich zusammensetzt aus der speziellen Lösung für die inhomogene Differentialgleichung und der speziellen Lösung für die homogene Differentialgleichung. Hier ist die Lösung der homogenen Differentialgleichung eine gedämpfte Schwingung.

-------------------------------- ▷ 111

133

$$C_1 = 1,\quad C_2 = 3,\quad d.h.\quad y = e^{\frac{3}{2}x} + 3xe^{\frac{3}{2}x}$$

Hinweis: Diese Aufgabe war wirklich nicht ganz einfach. Glückwunsch, wenn Sie sie geschafft haben.

-------------------------------- ▷ 134

156

$$x(t) = x_{max}\cdot\cos(\omega_0 + \tfrac{\pi}{6}) \qquad d.h. \qquad C = x_{max},\quad \varphi = \tfrac{\pi}{6}$$

-------------------------------- ▷ 157

111

Als letztes Beispiel sei gegeben

$$\ddot{x} + 4x = 3\cos 2t$$

In diesem Beispiel versagt der im Lehrbuch gegebene Ansatz

$$x_{inh} = A\sin(2t) + B\cos(2t)$$

Der Grund: 2 ist eine Lösung der charakteristischen Gleichung der homogenen Differentialgleichung. Hier hilft der Ansatz

$$x_{inh} = A \cdot t\sin(2t) + B \cdot t \cdot \cos(2t)$$

$$x_{inh} = \dots\dots\dots\dots\dots\dots$$

Lösung gefunden ------------------------------------ ▷ 115

Erläuterung oder Hilfe erwünscht ------------------------------------ ▷ 112

134

Anwendungen

Der radioaktive Zerfall

STUDIEREN SIE im Lehrbuch   9.5.1   Der radioaktive Zerfall
                                          Lehrbuch, Seite 223

BEARBEITEN SIE DANACH Lehrschritt ------------------------------------ ▷ 135

157

Der gedämpfte harmonische Oszillator

STUDIEREN SIE im Lehrbuch   9.5.2   Absatz: Der gedämpfte harmonische Oszillator
                                          Lehrbuch, Seite 225 - 227

BEARBEITEN SIE DANACH Lehrschritt ------------------------------------ ▷ 158

Zwei Schwierigkeiten kommen hier zusammen:

- Der Wechsel der Notierung (x statt y; t statt x).
- Der neue Ansatz.

Wir rechnen schrittweise

Ansatz: $\qquad x_{inh} = A \cdot t \cdot \sin 2t + B \cdot t \cdot \cos 2t$

$\qquad\qquad \dot{x}_{inh} = \dotfill$

$\qquad\qquad \ddot{x}_{inh} = \dotfill$

-------------------------------- ▷ 113

Die Differentialgleichung für den radioaktiven Zerfall ist eine der wenigen wichtigen Differentialgleichungen 1. Ordnung in den Naturwissenschaften. Sie gilt auch für Wachstumsprozesse. Wir nehmen jetzt als Beispiel ein Problem aus der Biologie.

Geben Sie die Differentialgleichung für das Wachstum einer Virenkultur an, bei welcher die Wachstumsgeschwindigkeit proportional zum jeweiligen Bestand $N(t)$ ist. Der Proportionalitätsfaktor heiße α .

....

Lösung gefunden -------------------------------- ▷ 137

Erläuterung oder Hilfe erwünscht -------------------------------- ▷ 136

Wie lautet die Bewegungsgleichung des gedämpften harmonischen Oszillators?

....

-------------------------------- ▷ 159

113

$x_{inh} = A \cdot t \cdot \sin 2t + B \cdot t \cdot \cos 2t$

$\dot{x}_{inh} = A \sin 2t + 2At \cos 2t + B \cos 2t - 2Bt \sin 2t$

$\ddot{x}_{inh} = 4A \cos 2t - 4B \sin 2t - 4At \sin 2t - 4Bt \cos 2t$

Dies müssen wir einsetzen in unsere Differentialgleichung:

$$\ddot{x} + 4x = 3\cos 2t$$

$$\dots\dots\dots\dots\dots\dots\dots\dots = 3\cos 2t$$

-------------------------------- ▷ 114

136

Der Bestand N der Virenkultur ist eine Funktion der Zeit t, also $N = N(t)$. Die Wachstumsgeschwindigkeit, ist die zeitliche Änderung von $N(t)$

$$\tfrac{d}{dt} N(t) = \dot{N}(t)$$

Die Wachstumsgeschwindigkeit soll dem jeweiligen Bestand proportional sein:

$$\dot{N}(t) \cong N(t)$$

Der Proportionalitätsfaktor sei α. Wir erhalten daher die Differentialgleichung

$$\dot{N}(t) = \dots\dots\dots\dots$$

-------------------------------- ▷ 137

159

$m\ddot{x} = -R\dot{x} - Dx$ bzw. $m\ddot{x} + R\dot{x} + Dx = 0$

Geben Sie eine qualitative Beschreibung der Lösungsfunktion des gedämpften harmonischen Oszillators an.

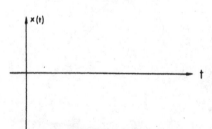

1. Fall: $\dfrac{R^2}{4m}2 - \dfrac{D}{m} > 0$,

es gibt zwei verschiedene reelle Lösungen. Diese Möglichkeit wird in der Physik als „Kriechfall" bezeichnet.

Skizzieren Sie die Lösungsfunktion und vergleichen Sie mit der Abbildung im Lehrbuch.

-------------------------------- ▷ 160

114

$4A\cos 2t - 4B\sin 2t = 3\cos 2t$

Hier gilt wieder, daß die Terme mit $\sin 2t$ und mit $\cos 2t$ je für sich genommen die Gleichung erfüllen müssen. Das gibt zwei Bestimmungsgleichungen für A und B.

$$4A\cos 2t = 3\cos 2t$$
$$-4B\sin 2t = 0$$

$A = \ldots\ldots\ldots\ldots\ldots$ $\qquad\qquad$ $B = \ldots\ldots\ldots\ldots$

$$x_{inh} = \ldots\ldots\ldots\ldots\ldots$$

-- ▷ 115

137

$$\dot{N}(t) = \alpha\, N(t)$$

Geben Sie die Lösung der Differentialgleichung $\dot{N}(t) = \alpha\, N(t)$ an

$$N(t) = \ldots\ldots\ldots\ldots\ldots$$

Lösung gefunden $\qquad\qquad\qquad\qquad$ ------------------------------ ▷ 139

Erläuterung oder Hilfe erwünscht $\qquad\quad$ ------------------------------ ▷ 138

160

2. Fall: $\dfrac{R^2}{4m}2 - \dfrac{D}{m} < 0$, es gibt zwei konjugiert komplexe Lösungen.

Skizzieren Sie die Lösungsfunktion und vergleichen Sie sie mit der Abbildung im Lehrbuch.

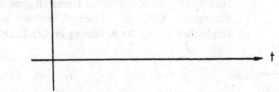

Wie wird dieser Fall genannt? $\ldots\ldots\ldots\ldots\ldots\ldots$ $\quad$ ------------------------- ▷ 161

115

$A = \frac{3}{4}$ $B = 0$

$x_{inh} = \frac{3}{4} t \cdot \sin 2t$

....

Dieses Kapitel erfordert den doppelten Zeitaufwand wie ein übliches. Wenn Sie, wie es empfehlenswert ist, jede Woche ein Kapitel bearbeiten, dann haben Sie jetzt längst ein Wochenpensum geschafft.

------------------------------- ▷ 116

138

Gegeben ist $\dot{N}(t) = \alpha\, N(t)$

Mit dem Exponentialansatz erhalten wir die charakteristische Gleichung

$\quad r - \alpha = 0$

Die allgemeine Lösung dieser homogenen Differentialgleichung 1. Ordnung mit konstanten Koeffizienten lautet also

$\quad N(t) = \ldots\ldots\ldots\ldots$

Hinweis: Die Gleichung ist identisch mit $y' = \alpha \cdot y$

------------------------------- ▷ 139

161

Schwingfall

....

3. Fall $\dfrac{R^2}{4m^2} = \dfrac{D}{m}$,   es gibt eine reelle Doppelwurzel.

Dieser Fall wird aperiodischer Grenzfall genannt. Skizzieren Sie die Lösungsfunktion und vergleichen Sie mit der Abbildung im Lehrbuch.

------------------------------- ▷ 162

116

Der zweite Teil dieses Kapitels handelt vor allem von der Lösung physikalischer Probleme mit Hilfe von Differentialgleichungen. Hier zahlt sich die investierte Mühe für den Physiker aus.

----------------------------------- ▷ 117

139

$$\dot{N}(t) = C \cdot e^{\alpha t}$$

Zum Zeitpunkt $t = 0$ seien 100 Bakterien vorhanden. Das ist eine Randbedingung. Wie lautet mit dieser Randbedingung die Gleichung, die den Bestand der Virenkultur angibt?

$$N(t) = \ldots\ldots\ldots\ldots$$

----------------------------------- ▷ 140

162

Der getriebene harmonische Oszillator

STUDIEREN SIE im Lehrbuch   9.5.2   Abschnitt: Der getriebene harmonische Oszillator
                                        Lehrbuch, Seite 227 - 231

----------------------------------- ▷ 163

Variation der Konstanten

Dieser Abschnitt gehört nicht zum Pflichtlehrstoff. Er kann später bearbeitet werden, weil er mehr von theoretischem Interesse als von praktischem Nutzen ist.

Ich möchte den Abschnitt jetzt *nicht* durcharbeiten und weitergehen------------------- ▷ 123

Ich möchte den Abschnitt bearbeiten.

STUDIEREN SIE im Lehrbuch   9.3.1   Variation der Konstanten für den Fall einer
                                       Doppelwurzel

                               9.3.2   Bestimmung einer speziellen Lösung der
                                       inhomogenen Differentialgleichung
                                       Lehrbuch Seite 217 - 220

BEARBEITEN SIE DANACH Lehrschritt   -------------------------------- ▷ 118

$$N(t) = 100\, e^{\alpha t}$$ (Lösung: $N(0) = C \cdot e^0 = C = 100$)

Es wurde die Zerfallskurve von Radium untersucht. Zu Beginn der Messung sei ein Grammol Radium vorhanden. Ein Mol eines bestimmen Stoffes enthält ca. $6{,}023 \cdot 10^{23}$ Moleküle. N sei die Zahl der Moleküle.

Für den Zerfall gilt die Differentialgleichung $\dot{N}(t) = -\lambda \cdot N(t)$.

Sie hat die Lösung $N = C \cdot e^{-\lambda t}$.

Geben Sie die spezielle Lösung an $N(t) = \ldots\ldots\ldots\ldots$

Lösung gefunden   -------------------------------- ▷ 142

Erläuterung oder Hilfe erwünscht   -------------------------------- ▷ 141

Geben Sie die Bewegungsgleichung eines gedämpften harmonischen Oszillators an, auf den die periodische äußere Kraft F_A wirkt.

$$F_A = F_0 \cos(\omega_A t)$$

$\ldots\ldots\ldots\ldots\ldots\ldots\ldots\ldots\ldots\ldots\ldots\ldots$

-------------------------------- ▷ 164

118

Berechnen Sie eine spezielle Lösung y_{inh} der inhomogenen Differentialgleichung

$$y'' - 4y = x$$

Benutzen Sie die Methode „Variation der Konstanten". Benutzen Sie das Rechenschema, das im Lehrbuch angegeben ist.

$$y_{inh} = \ldots\ldots\ldots\ldots$$

Lösung gefunden   -------------------------------- ▷ 121

Erläuterung oder Hilfe erwünscht   -------------------------------- ▷ 119

141

Die allgemeine Lösung: $N = C \cdot e^{-\lambda t}$

Die Randbedingung lautet: Zum Zeitpunkt $t = 0$ (Beginn der Messung) ist ein Mol, das sind

$6{,}023 \cdot 10^{23}$ Moleküle, Radium vorhanden: Das setzen wir ein:

$$N(0) = 6{,}023 \cdot 10^{23} = C \cdot e^0 = C \cdot 1$$

Wir erhalten:

$$C = 6{,}023 \cdot 10^{23}$$

$$N = \ldots\ldots\ldots\ldots$$

-------------------------------- ▷ 142

164

$$m\ddot{x} + R\dot{x} + Dx = F_0 \cos \omega_A t$$

Die allgemeine Lösung der inhomogenen Differentialgleichung, welche die erzwungene Schwingung beschreibt, setzt sich zusammen aus
1. der allgemeinen Lösung der homogenen Gleichung und
2. einer speziellen Lösung der inhomogenen Gleichung

Die explizite Form dieser beiden Terme finden Sie im Abschnitt 9.5.2. Nach längerer Zeit („Einschwingzeit") beschreibt ausschließlich die spezielle Lösung den Bewegungsablauf.

$$x(t) = \frac{F_0}{\sqrt{(D - m\omega_A^2)^2 + \omega_A^2 \cdot R^2}} \cdot \cos\left(\omega_A t - \varphi\right)$$

Die allgemeine Lösung der homogenen Differentialgleichung ist eine gegen Null abfallende Exponentialfunktion. Die spezielle Lösung der inhomogenen Differentialgleichung wird daher in der Physik als *stationäre Lösung* bezeichnet.

-------------------------------- ▷ 165

$\boxed{119}$

Die inhomogene Differentialgleichung ist: $y'' - 4y = x$.

Die homogene Differentialgleichung ist: $y'' - 4y = 0$. Sie hat die Lösungen

$$y_1 = e^{-2x} \text{ und } y_2 = e^{2x}$$

Ihre Ableitungen sind $y_1' = -2e^{-2x}$ und $y_2' = 2e^{-2x}$

Diese werden eingesetzt in die Gleichungen (siehe Lehrbuch)

$v_1' y_1 + v_2' y_2 = 0$ Das liefert die Beziehung $v_1' e^{-2x} + v_2' e^{2x} = 0$ (I)

$v_1' y_1' + v_2' y_2' = f(x)$ Das liefert die Beziehung $-2v_1' e^{-2x} + 2v_2' e^{2x} = x$ (II)

Wir lösen I nach v_1' auf: $v_1' = -v_2' e^{4x}$ und setzen das Ergebnis in II ein und es folgt:

$v_2' = \frac{xe^{-2x}}{4}$ (III)   und analog $v_1' = -\frac{xe^{2x}}{4}$ (IV)

-------------------------------- ▷ 120

$\boxed{142}$

$$N(t) = 6{,}023 \cdot 10^{23} \cdot e^{-\lambda t}$$

Das Ziel dieses Leitprogramms ist es

Mathematisches Wissen für Anwendungen zu vermitteln.

Die *Fähigkeit* zum *selbständigen Lernen* anhand schriftlicher Unterlagen zu fördern.

Das ist aus folgenden Gründen notwendig:

Das *Selbststudium* zur Vertiefung angebotener Sachverhalte und zur Erschließung neuer Sachverhalte ist ein Bestandteil des Studiums.

Die Fähigkeit und Bereitschaft zum Selbststudium erhöht die Unabhängigkeit vom notwendig begrenzten Angebot der Universität.

Der Lernprozeß dauert heute während des gesamten Berufslebens an und muß dann selbständig durchgeführt werden.

-------------------------------- ▷ 143

$\boxed{165}$

Skizzieren Sie die Amplitude der stationären Schwingung als Funktion der Erreger-frequenz ω_A

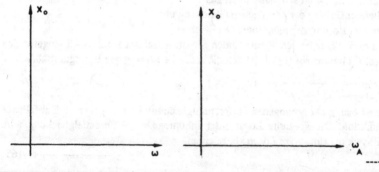

a) mit Dämpfung

b) ohne Dämpfung

-------- ▷ 166

Die Integrale der Funktion $v_1'(x)$ und $v_2'(x)$ schauen wir in einer Integraltabelle nach (z.B. Bronstein: Taschenbuch der Mathematik, Verlag Harri Deutsch) und erhalten:

$$v_1(x) = -\frac{e^{2x}}{16}(2x-1) \quad \text{(V)} \qquad \text{sowie} \qquad v_2(x) = \frac{e^{-2x}}{16}(-2x-1) \quad \text{(VI)}$$

Die Gleichungen V und VI eingesetzt in

$$u(x) = v_1(x)y_1 + v_2(x)y_2 \qquad \text{ergibt} \qquad u(x) = -\tfrac{x}{4}$$

Zur Probe verifizieren wir dieses Ergebnis:

$$\frac{d}{dx^2}(-\tfrac{x}{4}) - 4\,(-\tfrac{x}{4}) = 0 + x = x$$

-------------------------------- ▷ 121

Eine grobe Gliederung der Tätigkeiten beim Studium sind:

    Informationsaufnahme

    Informationsverarbeitung

    Informationsspeicherung

Diese Prozesse stehen in einem wechselseitigen Zusammenhang.

-------------------------------- ▷ 144

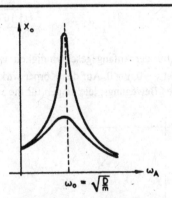

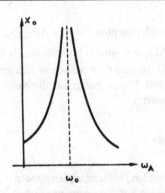

a) Amplitude der gedämpften
   erzwungenen Schwingung (R > 0)

b) Amplitude der ungedämpften
   erzwungenen Schwingung (R = 0)

-------------------------------- ▷ 167

121

$y_{inh} = -\frac{x}{4}$ ist eine spezielle Lösung von $y'' - 4y = x$

Hinweis: Das Verfahren ist sehr rechenaufwendig und schwierig. Bedenken Sie, wie rasch wir das gleiche Ergebnis mit dem bereits bekannten Verfahren erhalten hätten.

-------------------------------- ▷ 122

144

Informationsaufnahme erfolgt in Vorlesungen, Seminaren, Tutorien, Praktika. Hier im Leitprogramm steht die Informationsaufnahme anhand von Literatur im Vordergrund. Techniken sind: *intensives Lesen* und *selektives Lesen*.

Intensives Lesen: Zusammenhängende Abschnitte werden im Zusammenhang studiert. Neue Begriffe und Regeln werden stichwortartig exzerpiert. Rechnungen werden mitvollzogen.

Motivation, Interesse und positive Einstellungen zum Studium erhöhen die Informationsaufnahme bei gleichem Zeitaufwand.

Eingeschobene Pausen erhöhen im allgemeinen Lerneffektivität und Konzentrationsfähigkeit. In den – zeitlich begrenzten – Pausen sollte man eine andersartige Tätigkeit ausüben, um Interferenzen zu vermeiden.

-------------------------------- ▷ 145

167

Zum Abschluß noch eine physikalische Aufgabe.

Ein Körper der Masse m wird in horizontaler Richtung mit der Anfangsgeschwindigkeit v_0 geworfen. Zur Abwurfzeit $t = 0$ befinde er sich am Punkt $x = 0$, $y = 0$. Auf den Körper wirkt nur die Schwerkraft. Darum lauten hier die Newtonschen Bewegungsgleichungen für die x- und die y-Komponente

$$m\ddot{x} = 0$$

$$m\ddot{y} = -mg$$

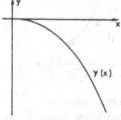

Lösen Sie diese beiden Differentialgleichungen mit den angegebenen Randbedingungen. Geben Sie die Bahnkurve $y(x)$ an.

-------------------------------- ▷ 168

122

Randwertprobleme

Randwertprobleme bei Differentialgleichungen 1. Ordnung

STUDIEREN SIE im Lehrbuch   9.4.1   Randwertprobleme bei
                                         Differentialgleichungen 1. Ordnung
                                         Lehrbuch, Seite 220 - 221

BEARBEITEN SIE DANACH Lehrschritt   ----------------------------------- ▷ 123

145

Selektives Lesen: Aus einem Text sind bestimmte Informationen herauszufinden. Hier geht es vor allem um die Unterscheidung zwischen relevanter und irrelevanter Information.

Die Informationsaufnahme über intensives und selektives Lesen erfordert entgegengesetzte Studiertechniken. Beide Techniken müssen geübt sein. Beim intensiven Lesen soll die Information vollständig aufgenommen werden. Beim selektiven Lesen soll die relevante Information – es ist der geringere Teil – erkannt und bevorzugt wahrgenommen werden. Die Gefahr beim selektiven Lesen ist, sich von der Suche nach der gewünschten Information ablenken zu lassen. Das kostet Zeit.

----------------------------------- ▷ 146

168

$x(t) = v_0 \cdot t$

$y(t) = -\frac{g}{2} \cdot t^2$ Bahnkurve: $y(x) = -\frac{g}{2} \frac{x^2}{v_0^2}$

Lösungsweg: Beide Differentialgleichungen lassen sich elementar integrieren:

$$x(t) = C_1 t + C_2 \qquad\qquad y(t) = -\frac{g}{2} t^2 + C_3 t + C_4$$

Randbedingungen: $x(0) = 0,$ $\qquad\qquad\qquad \dot{x}(0) = v_0,$

$\qquad\qquad\qquad y(0) = 0 \qquad\qquad\qquad\qquad \dot{y}(0) = 0$

Daraus folgen die Lösungen:

$$x(t) = v_0 t \qquad \text{und} \qquad y(t) = -\frac{g}{2} t^2$$

Durch Eliminieren von t erhalten wir die Bahnkurve $y(x) = -\frac{g}{2v_0^2} \cdot x^2$

----------------------------------- ▷ 169

123

Die Differentialgleichung $y' - 4y = 0$ besitzt die allgemeine Lösung

$$y = C \cdot e^{4x}$$

Bestimmen Sie die spezielle Lösung der Differentialgleichung, deren Kurve durch folgenden Punkt geht.

$$x = \tfrac{1}{4}; \quad y = 2e$$

y = ...

Lösung gefunden   -------------------------------- ▷ 125

Erläuterung oder Hilfe erwünscht   -------------------------------- ▷ 124

146

Informationsspeicherung

Die Verfügbarkeit über Gedächtnisinhalte hängt von der Form des Einlernens und der Strukturierung des Lernmaterials ab.

Lernen im Zusammenhang

Sachverhalte, die einsichtig und im Zusammenhang gelernt sind, bleiben länger verfügbar.

Aktives und Passives Lernen

Wiedererkennen eines bekannten Lerninhalts täuscht subjektiv einen höheren Kenntnisstand vor. Wiederkennen gewährleistet noch nicht die Fähigkeit zur Reproduktion. Die Fähigkeit zur Reproduktion gewährleistet noch nicht die Fähigkeit zu Anwendung. Die Informationsspeicherung muß daher kontrolliert werden. Eine automatische Kontrolle besteht in aktiver Reproduktion.

-------------------------------- ▷ 147

169

Rechnen Sie nun nach einem oder mehreren Tagen die Übungsaufgaben im Lehrbuch Seite 232.

    Aufgabe 9.4   A a

    Aufgabe 9.4   B a

Die Lösungen finden Sie ab Seite 233.

Falls Sie Fehler hatten, rechnen Sie jeweils noch eine weitere Aufgabe. Sie kennen inzwischen die Regel. Übungsaufgaben so lange rechnen, bis man mindestens eine Aufgabe sicher gerechnet hat. Besser ist es, zwei Aufgaben als Kriterium zu nehmen.

Benutzen Sie beim Rechnen Ihr Exzerpt.

-------------------------------- ▷ 170

124

Die allgemeine Lösung ist $y(x) = C \cdot e^{4x}$. Um die gesuchte spezielle Lösung zu erhalten, setzen wir die gegebenen Randbedingungen ein – nämlich die Koordinaten des Punktes $x = \frac{1}{4}, \quad y = 2e$

$$y(\tfrac{1}{4}) = 2e = C \cdot e^{4 \cdot \frac{1}{4}} = C \cdot e$$

C wird so bestimmt, daß die Kurve durch den Punkt geht.

$C = 2$.

Die gesuchte spezielle Lösung ist daher

$$y(x) = \ldots\ldots\ldots\ldots$$

------------------------------- ▷ 125

147

Jetzt geht es aber weiter mit dem fachlichen Studium. In den nächsten Abschnitten dieses Leitprogramms wird die Anwendung der Methoden der Differentialgleichungen auf Schwingungsprobleme erläutert. Die Mathematik ist besonders dann hilfreich, wenn die Verwendung anderer als der gewählten und ständig benutzten Symbole keine Schwierigkeiten macht. In diesen Fällen erleichtert die Substitution unbekannter Symbole durch vertraute Symbole häufig den Überblick.

------------------------------- ▷ 148

170

Nun haben Sie

das   dieses l a n g e n
                                                                Kapitels erreicht.

Allein durchgehalten zu haben, ist schon eine Leistung.

125

$$y = 2e^{4x}$$

....

Die Differentialgleichung $\dot{v}(t) = -g$ hat die allgemeine Lösung

$$v(t) = -gt + C$$

Bestimmen Sie die Konstante C derart, daß $v(0) = v_0$ ist.

  C = ...

  v(t) = ...

Nun geht es weiter mit den Lehrschritten **auf der Mitte der Seiten.**

Sie finden Lehrschritt 126 unterhalb Lehrschritt 103.

BLÄTTERN SIE ZURÜCK   -------------------------------- ▷ 126

148

Der harmonische Oszillator

STUDIEREN SIE im Lehrbuch   9.5.2   Der freie ungedämpfte harmonische
                                       Oszillator
                                       Lehrbuch, Seite 223 - 225

Jetzt geht es weiter mit den Lehrschritten im **unteren Drittel der Seiten.**

Sie finden Lehrschritt 149 unterhalb der Lehrschritte 103 und 126.

BLÄTTERN SIE ZURÜCK und BEARBEITEN SIE   -------------------------------- ▷ 149

171

0

Kapitel 10

Wahrscheinlichkeitsrechnung

1

Einleitung

STUDIEREN SIE im Lehrbuch   10.1 Einleitung
                                         Lehrbuch, Seite 236

BEARBEITEN SIE DANACH Lehrschritt   ------------------------------- ▷   2

27

Allgemeine Eigenschaften der Wahrscheinlichkeiten

STUDIEREN SIE im Lehrbuch   10.2.4   Allgemeine Eigenschaften der
                                      Wahrscheinlichkeiten
                                      Lehrbuch, Seite 241 - 242

BEARBEITEN SIE DANACH Lehrschritt   -------------------------------- ▷   28

53

4 Personen können auf 4! = 24 verschiedene Arten auf die 4 Stühle verteilt werden.

Gegeben seien N Elemente. Davon seien N_A gleich. Wir interessieren uns für die Veränderung der Permutationen, wenn die Zahl der gleichen Elemente geändert wird.

Bei Fragestellung dieser Art ist es oft gut, zunächst den qualitativen Zusammenhang durch eine Plausibilitätsbetrachtung zu erschließen.

Gegeben seien N Elemente. Wenn die Zahl der *gleichen* Elemente *zunimmt*, nimmt die Zahl der Permutationen:

☐   ab   -------------------------------- ▷   57
☐   zu   -------------------------------- ▷   54

$\boxed{2}$

Nennen Sie, ohne in den Lehrtext zu sehen, je drei

a)   makroskopische Größen   b)   mikroskopische Größen

....

....

....

-------------------------------- ▷   3

$\boxed{28}$

In einem Kasten liegen neun weiße Kugeln.

Die Wahrscheinlichkeit, eine weiße Kugel herauszuziehen ist $p_{\text{weiß}} = $ ....

Die Wahrscheinlichkeit, eine blaue Kugel herauszuziehen ist $p_{\text{blau}} = $ ....

-------------------------------- ▷   29

$\boxed{54}$

NICHT DOCH!

Überlegen wir es anders:

Gegeben sei eine Anordnung von N Elementen. Davon seien einige Elemente *gleich*. Jetzt vertauschen wir zwei gleiche Elemente. Gibt das eine neue Anordnung?

☐   Ja   -------------------------------- ▷   55

☐   Nein   -------------------------------- ▷   57

3

Makroskopische Größen beschreiben das Gesamtsystem:

    Druck
    Volumen
    Temperatur
    Elektrische Wärmeleitfähigkeit
    Magnetisierung

Mikroskopische Größen beschreiben die Eigenschaften der Einzelemente des Systems
    Ort eines Atoms
    Impuls eines Atoms
    Geschwindigkeit eines Atoms
    Potentielle Energie eines Atoms
    Kinetische Energie eines Atoms
    Dipolmoment eines Moleküls

------------------------------- ▷   4

29

$$p_{\text{weiß}} = 1$$
$$p_{\text{blau}} = 0$$

$p = 1$ gilt für das .... Ereignis

$p = 0$ gilt für das .... Ereignis

------------------------------- ▷   30

55

Ihre Antwort ist leider wieder falsch. Wo liegt der Denkfehler?

Gegeben sei folgende Anordnung AAB.

Wir vertauschen die zwei ersten Elemente und erhalten

    A A B.

A ist mit A vertauscht. Sehen Sie einen Unterschied zwischen

    A A B   und   A A B?

------------------------------- ▷   56

4

Der spezifische Wiederstand eines Leiters ist eine

.... Größe

Die Schwingungsenergie eines Moleküls ist eine

.... Größe

-------------------------------- ▷ 5

30

$p = 1$: sicheres Ereignis
$p = 0$: unmögliches Ereignis

Das unmögliche Ereignis hat die Wahrscheinlichkeit 0.
Schreiben Sie die Normierungsbedingung in Worten und als Formel auf:

....

....

-------------------------------- ▷ 31

56

Wer auch immer hier einen Unterschied sieht, Mathematiker und Physiker sehen keinen.

Es macht keinen Unterschied, wenn in der Anordnung AAB die ersten beiden Elemente vertauscht werden.

Allgemein:

Es macht keinen Unterschied, wenn in einer Anordnung gleiche Elemente vertauscht werden.

-------------------------------- ▷ 57

$$\boxed{5}$$

Makroskopische Größe

Mikroskopische Größe

Der folgende Abschnitt im Lehrbuch enthält mehrere neue Begriffe. Teilen Sie sich den Abschnitt in zwei Teile ein und kontrollieren Sie nach jedem Teilabschnitt anhand Ihrer Aufzeichnungen, ob Sie die neuen Begriffe noch kennen.

Im übrigen: „reading without a pencil is daydreaming". Das ist Ihnen nicht neu. Es ist schon mehrfach gesagt. Aber es ist in der Tat ein nützlicher Hinweis, nahezu ein Geheimtip.

Die Anleitungen durch das Leitprogramm werden in Zukunft immer mehr abnehmen. Mit Hilfe der beschriebenen und praktizierten Lerntechniken sollten Sie immer mehr die Kontrolle über Ihr Studienverhalten selbst übernehmen.

------------------------------- ▷   6

$$\boxed{31}$$

Normierungsbedingung in Worten: Bezogen auf die Ereignisse eines definierten Ereignisraumes ist die Summe der Wahrscheinlichkeiten EINS.

Normierungsbedingung: $\sum_{i=1}^{k} p_i = 0$

Wie groß ist die Wahrscheinlichkeit aus einem Skatspiel Kreuz-Bube ODER Karo-König ODER Pik-Dame zu ziehen?

$p = \dots\dots\dots\dots$

Lösung gefunden ------------------------------- ▷   33

Erläuterung oder Hilfe erwünscht ------------------------------- ▷   32

$$\boxed{57}$$

Die Zahl der Permutationen nimmt *ab*, wenn die Zahl der gleichen Elemente zunimmt.

Durch Vertauschung gleicher Elemente bekommen wir KEINE neue Anordnung. Je *mehr* gleiche Elemente es gibt, desto *geringer* ist die Zahl der verschiedenen Anordnungen.

Wieviele Anordnungen gibt es bei 5 Elementen, die alle gleich sind?

. . . .

------------------------------- ▷   58

6

Der Wahrscheinlichkeitsbegriff

STUDIEREN SIE im Lehrbuch   10.2.1   Ereignis, Ergebnis, Zufallsexperiment
                            10.2.2   Die „klassische" Definition der Wahrscheinlichkeit
                            10.2.3   Die „statistische" Definitionen der
                                     Wahrscheinlichkeit
                                     Lehrbuch, Seite 237-241

BEARBEITEN SIE DANACH Lehrschritt   --------------------------------- ▷   7

32

Die Wahrscheinlichkeit, einen Kreuz-Buben zu ziehen ist $\frac{1}{32}$.

Die Wahrscheinlichkeit Karo-König zu ziehen ist $\frac{1}{32}$.

Die Wahrscheinlichkeit Pik-Dame zu ziehen ist $\frac{1}{32}$.

Nach dem Additionstheorem ist die Wahrscheinlichkeit, die eine ODER die andere ODER die dritte Karte zu ziehen gleich

$$p = \frac{1}{32} + \frac{1}{32} + \frac{1}{32} = \ldots\ldots\ldots\ldots$$

--------------------------------- ▷   33

58

Genau eine.

Wieviele verschiedene Anordnungen gibt es bei den 5 Elementen a a b b c?

Anordnungen, die durch eine Vertauschung der beiden Elemente *a* oder *b* untereinander entstehen, sehen wir als gleich an.

Es gibt .... verschiedene Anordnungen der 5 Elemente.

Lösung gefunden   --------------------------------- ▷   60

Erläuterung oder Hilfe erwünscht   --------------------------------- ▷   59

7

Wie haben Sie den Abschnitt bearbeitet?

☐   in einem Zug

☐   in zwei Abschnitten

☐   in drei Abschnitten

---------------------------------- ▷   8

33

$$\frac{3}{32}$$

Eine Urne enthält zwölf Kugeln.   6 rote
                                         4 weiße
                                         1 grüne
                                         1 schwarze

Die Wahrscheinlichkeit entweder eine weiß ODER eine grüne Kugel zu greifen ist

$$p = \ldots\ldots\ldots\ldots$$

Lösung gefunden   -------------------------------- ▷   35

Erläuterung oder Hilfe erwünscht   -------------------------------- ▷   34

59

Wir haben 5 Elemente: $a\,a\,b\,b\,c$. Es gibt 5! = 120 Permutationen. Davon gibt es viele, die sich nur dadurch unterscheiden, daß die Elemente a oder die Elemente b jeweils untereinander vertauscht sind. Diese Permutationen wollten wir aber als gleich ansehen.

Also, wieviele verschiedene Anordnungen der Elemente $a\,a\,b\,b\,c$ gibt es?

$\ldots\ldots\ldots\ldots\ldots$

Im Zweifel sollten Sie Ihre Aufzeichnungen oder das Lehrbuch noch einmal zu Rate ziehen.

-------------------------------- ▷   60

8

Fragen der Arbeitseinteilung sind persönlichkeitsabhängig und abhängig von der jeweiligen Konzentrationsfähigkeit. Wichtig ist nur eins: Vermeiden Sie zu große Arbeitsabschnitte, wenn Sie merken, daß die Konzentration beim Exzerpieren und schriftlichen Mitrechnen nachläßt. Aber geben Sie der Neigung nie nach, bei Unlustgefühlen sofort aufzuhören. Reduzieren Sie dann den Arbeitsabschnitt, setzen Sie sich ein geringeres Zwischenziel – vielleicht noch 10 Lehrschritte – aber halten Sie bis dahin durch.

Dann beenden Sie die Arbeitsphase nämlich mit einem persönlichen Erfolg. Und langsam werden Sie so unabhängiger von ihren Unlustgefühlen.

------------------------------------- ▷   9

34

Betrachten Sie folgenden Fall:
Es gibt 6 Lose. Darunter sind   2 Hauptgewinne
                                     2 Trostpreise
                                     2 Nieten
Wahrscheinlichkeit für Haupttreffer $p_H = \frac{2}{6} = \frac{1}{3}$

Wahrscheinlichkeit für Trostpreis $p_T = \frac{2}{6} = \frac{1}{3}$

Nach dem Additionstheorem ist die Wahrscheinlichkeit für die disjunkten Ereignisse Haupttreffer ODER Trostpreis: $p_H + p_T = \frac{4}{6} = \frac{2}{3}$

Lösen Sie die folgende Aufgabe analog zu dem Fall oben.
Eine Urne enthält 12 Kugeln: 6 rote, 4 weiße, 1 grüne, 1 schwarze
Die Wahrscheinlichkeit, entweder eine weiße ODER eine grüne Kugel zu greifen ist

   p = ...

------------------------------- ▷   35

60

Die Anzahl der verschiedenen Anordnungen ist:

$$\frac{5!}{2! \cdot 2!} = 30$$

------------------------------- ▷   61

9

Ein Schüler soll sich aus fünf Büchern (A, B, C, D, E) drei beliebige heraussuchen. Geben sie den Ereignisraum an.

. . . .

. . . .

. . . .

------------------------------- ▷   10

35

$$\frac{5}{12}$$

Das war eine Anwendung des Additionstheorems. Es ist anwendbar, wenn nach der Wahrscheinlichkeit eines ODER eines zweiten disjunkten Ereignisses gefragt wird.

Das Additionstheorem läßt sich im übrigen erweitern auf eine beliebige Zahl disjunkter Ereignisse, für die allerdings die Normierungsbedingung erfüllt sein muß.

------------------------------- ▷   36

61

Kombinationen

STUDIEREN SIE im Lehrbuch   10.3.2 Kombinationen

Lehrbuch, Seite 248 - 249

BEARBEITEN SIE DANACH Lehrschritt   ------------------------------- ▷   62

10

ABC, ABD, ABE, ACD, ACE, ADE,

BCD, BCE, BDE, CDE

Schreiben Sie die „klassische" Definition der Wahrscheinlichkeit eines Ereignisses A auf:

$$P_A = \dots\dots\dots\dots\dots\dots\dots$$

------------------------------- ▷ 11

36

Wahrscheinlichkeit für Verbundereignisse

Auch bei diesem Abschnitt sollten sie exzerpieren.

STUDIEREN SIE im Lehrbuch   10.2.5   Wahrscheinlichkeit für Verbundereignisse

Lehrbuch, Seite 243 - 245

BEARBEITEN SIE DANACH Lehrschritt   ------------------------------- ▷ 37

62

a) Was ist eine Kombination der Klasse k von n Elementen?

....

....

b) Wie ist der Binomialkoeffizient definiert?

$$\binom{n}{k} = \dots\dots\dots$$

------------------------------- ▷ 63

11

$$P_A = \frac{\text{Zahl } N_A \text{ d. Realisierungsmöglichkeit f.d. Ereignis } A}{\text{Gesamtzahl der möglichen Ereignisse}} = \frac{N_A}{N}$$

Die Formel bezieht sich auf folgende Situation: Ein Experiment habe N gleich-wahrscheinliche Elementarereignisse. N_A Elementarereignisse gehören zum Ereignis A.

In einem Kasten liegen sechs Kugeln: 3 schwarze

2 grüne

1 gelbe

Wenn eine Kugel herausgenommen wird, ist das ein

.... oder ....

----------------------------------- ▷   12

37

Schreiben Sie stichpunktartig die Definitionen auf für

a)   Verbundwahrscheinlichkeit

....

....

b)   Statistisch unabhängige Ereignisse

....

....

----------------------------------- ▷   38

63

a) Jede Gruppe von k Elementen, die aus einer Menge von n Elementen gebildet wird, heißt Kombination der Klasse k von n Elementen.
   Hinweis: Kombinationen, die sich nur durch eine Permutation der k Elemente unterscheiden, werden als gleich angesehen.

b) $$\binom{n}{k} = \frac{n}{(n-k)!\,k!}$$

Haben Sie die Definiton sinngemäß getroffen?

Falls nicht: Sie haben ja bereits gelernt, wie eine Definition eingeübt wird.

Definitionen aus dem Gedächtnis hinschreiben und kritisch kontrollieren, ob sie *sinngemäß* richtig ist.

----------------------------------- ▷   64

12

Elementarereignis oder Zufallsexperiment

....

In einem Kasten liegen sechs Kugeln: 3 schwarze
                                         2 grüne
                                         1 weiße

Eine Kugel wird herausgenommen.

Es gibt .... Elementarereignisse und .... Ereignisse

Lösung gefunden   ----------------------------------- ▷ 14

Erläuterung oder Hilfe erwünscht   ----------------------------------- ▷ 13

38

a) Verbundwahrscheinlichkeit: Wahrscheinlichkeit für das gleichzeitige Auftreten zweier
    (oder mehrerer) Ereignisse.

b) Statistisch unabhängige Ereignisse: Wenn die Ereignisse einer Gruppe A nicht
    beeinflußt werden von dem Auftreten der Ereignisse einer Gruppe B, dann sind die
    Ereignisse voneinander statistisch unabhängig.

....

Wie groß ist die Wahrscheinlichkeit p, bei einem Wurf mit zwei Würfeln zwölf Augen zu
erhalten?

   $p = $ ....

Lösung gefunden   ----------------------------------- ▷ 40

Erläuterung oder Hilfe erwünscht   ----------------------------------- ▷ 39

64

Berechnen Sie

a) $\binom{3}{2} = $ ....

b) $\binom{5}{3} = $ ....

c) $\binom{5}{5} = $ ....

d) $\binom{4}{1} = $ ....

Aufgaben gelöst   ----------------------------------- ▷ 67

Hinweise und Hilfe erwünscht   ----------------------------------- ▷ 65

$$\boxed{13}$$

Wir müssen die Begriffe *Elementarereignis* und *Ereignis* scharf voneinander unterscheiden. Es gibt sechs Kugeln: 3 schwarze, 2 grüne, 1 weiße.

Wir legen die Kugeln nebeneinander hin.

$$\underbrace{1\ 2\ 3}_{\text{schwarz}} \qquad \underbrace{4\ \ 5}_{\text{grün}} \qquad \underbrace{6}_{\text{weiß}}$$

Jede einzelne Kugel kann gezogen werden. Das ist je ein Elementarereignis.

Die Kugeln 1, 2, 3 sind schwarz. Wenn eine der drei schwarzen Kugeln gezogen wird, ist das hinsichtlich der Farbe gleichwertig. Diese drei *Elementarereignisse* können zum *Ereignis* „Kugel, schwarz" zusammengefaßt werden.

Es gibt hier also bei den sechs Kugeln .... Elementarereignisse und .... Ereignisse.

-------------------------------- ▷ 14

$$\boxed{39}$$

Das Problem war: Die Wahrscheinlichkeit dafür zu finden, mit zwei Würfeln zwölf Augen zu werfen. Die Ereignisse sind statistisch unabhängig voneinander.

Die Wahrscheinlichkeit, daß der erste Würfel 6 zeigt, ist $p_1 = $ ....

Die Wahrscheinlichkeit, daß der zweite Würfel 6 zeigt, ist $p_2 = $ ....

Die Wahrscheinlichkeit dafür, daß beide Ereignisse eintreten, ist $p_{1,2} = $ ....

Wie groß ist die Wahrscheinlichkeit,
mit zwei Würfeln zwei Augen zu werfen? $p = $ ....

Im Zweifel die Aufgabe anhand des Lehrbuchs lösen.

-------------------------------- ▷ 40

$$\boxed{65}$$

Schauen Sie sich die Definition des Ausdrucks $\begin{pmatrix} n \\ m \end{pmatrix}$ im Lehrbuch noch einmal an.

Hinweis: Lassen Sie sich nicht von der Substitution n, m in N, N_1 verwirren.

Rechnen Sie nun: a) $\begin{pmatrix} 6 \\ 5 \end{pmatrix} = $ ....

b) $\begin{pmatrix} 3 \\ 1 \end{pmatrix} = $ ....

c) $\begin{pmatrix} 4 \\ 2 \end{pmatrix} = $ ....

-------------------------------- ▷ 66

14

Sechs Elementarereignisse und drei Ereignisse

....

Wir haben eine Urne mit zwölf Kugeln: 6 roten
                                             3 grünen
                                             2 weißen
                                             1 schwarze

Es wird eine Kugel gezogen.

Zahl der „Elementarereignisse" ....

Zahl der „Ereignisse"   ....

Hinweis: Bei Zweifeln im Lehrbuch, Seite 238 nachsehen.

---------------------------------- ▷ 15

40

$$p = \frac{1}{36}$$

....

Rechnen Sie noch folgende Aufgabe:

Eine Münze wird zweimal geworfen. Wie groß ist die Wahrscheinlichkeit, daß jedesmal die Zahlseite oben liegt?

$$p_{z,z} = \text{..............}$$

Lösung gefunden   ---------------------------------- ▷ 42

Erläuterung oder Hilfe erwünscht   ---------------------------------- ▷ 41

66

a) $\dbinom{6}{5} = \dfrac{6}{(6-5)\,!\,5!} = \dfrac{6!}{1!\cdot 5!} = 6$ b) $\dbinom{3}{1} = \dfrac{3!}{(3-1)\,!\,1!} = 3$

c) $\dbinom{4}{2} = \dfrac{4!}{(4-2)\,!\,2!} = 6$

....

Berechnen Sie nun   a) $\dbinom{3}{2} = $ ....   c) $\dbinom{5}{5} = $ ....

                                    b) $\dbinom{5}{3} = $ ....   d) $\dbinom{4}{1} = $ ....

Bei Schwierigkeiten die Aufgaben anhand des Lehrbuches, Abschnitt 10.3.2, lösen.

---------------------------------- ▷ 67

$$\boxed{15}$$

12

4

....

Ein Skatspiel besteht aus 32 Karten. Es gibt vier „Könige": Kreuz, Pik, Herz, Karo.

Die Wahrscheinlichkeit aus dem gemischten Kartenspiel den „Kreuz-König" zu ziehen ist:

$$p_1 = \ldots\ldots\ldots\ldots$$

Die Wahrscheinlichkeit, einen „König" zu ziehen, ist

$$p_2 = \ldots\ldots\ldots\ldots$$

Lösung gefunden   ------------------------------ ▷ 17

Erläuterung oder Hilfe erwünscht   ------------------------------ ▷ 16

$$\boxed{41}$$

Die Wahrscheinlichkeit, bei einem Münzwurf die „Zahlseite" zu erhalten, ist $\frac{1}{2}$

Die Wahrscheinlichkeit, bei zwei Würfen jedesmal die „Zahl" zu bekommen, ist auf jeden Fall kleiner als $\frac{1}{2}$.

Es gilt für die Verbundwahrscheinlichkeit zweier statistisch unabhängiger Ereignisse

$$p_{AB} = p_A \cdot p_B$$

Also

$$p_{z,z} = \ldots\ldots\ldots\ldots$$

------------------------------ ▷ 42

$$\boxed{67}$$

a) $\begin{pmatrix} 3 \\ 2 \end{pmatrix} = 3$ b) $\begin{pmatrix} 5 \\ 3 \end{pmatrix} = 10$

c) $\begin{pmatrix} 5 \\ 5 \end{pmatrix} = 1$ d) $\begin{pmatrix} 4 \\ 1 \end{pmatrix} = 4$

....

Aus 5 verschiedenen Elementen sollen 3er Gruppen gebildet werden.

Wieviel verschiedene 3er Gruppen gibt es? ....

Lösung gefunden   ------------------------------ ▷ 70

Erläuterung oder Hilfe erwünscht   ------------------------------ ▷ 68

16

Unter den 32 Karten gibt es nur einen Kreuz-König.

Zahl der günstigen Elementarereignisse   = 1

Zahl der möglichen Elementarereignisse   = 32

Also ist die Wahrscheinlichkeit, den Kreuz-König zu ziehen: $p_1 = \ldots\ldots\ldots\ldots$

Unter den 32 Karten gibt es vier Könige.

Zahl der günstigen Elementarereignisse   = 4

Zahl der möglichen Elementarereignisse = 32

Die Wahrscheinlichkeit, einen König zu ziehen, ist: $p_2 = \ldots\ldots\ldots\ldots$

-------------------------------- ▷   17

42

$\dfrac{1}{4}$

In einem Kasten befinden sich achtzehn Kugeln. Davon sind

5 gelb
4 schwarz
7 grün
2 weiß

Wird eine Kugel gezogen, gibt es

$\ldots\ldots\ldots\ldots\ldots\ldots\ldots\ldots$ Elementarereignisse

$\ldots\ldots\ldots\ldots\ldots\ldots\ldots\ldots$ Ereignisse gleicher Farbe

-------------------------------- ▷   43

68

Einfacheres Beispiel: Wieviele verschiedene Möglichkeiten gibt es, aus einer Menge von 3 verschiedenen Elementen Gruppen von je zwei Elementen zu bilden?

1. Ermitteln Sie diese Zahl dadurch,
   daß Sie alle Zweier-Gruppen für
   die drei Elemente *a, b, c* bilden.

$\ldots\ldots\ldots\ldots\ldots\ldots\ldots\ldots\ldots\ldots\ldots\ldots$

Zahl der Möglichkeiten

$\ldots\ldots\ldots\ldots$

2. Ermitteln Sie diese Zahl durch Rechnung.

$\ldots\ldots\ldots\ldots\ldots\ldots\ldots\ldots$

-------------------------------- ▷   69

17

$$p_1 = \frac{1}{32}$$

$$p_2 = \frac{4}{32} = \frac{1}{8}$$

Acht verdeckte Karten liegen auf dem Tisch. Wir wissen, daß es vier verschiedene Buben und vier verschiedene Damen sind.

Die Wahrscheinlichkeit, Herz-Dame zu ziehen, ist $p_1 = \ldots\ldots\ldots\ldots$

Die Wahrscheinlichkeit einen Buben zu ziehen ist $p_2 = \ldots\ldots\ldots\ldots$

------------------------------ ▷ 18

43

18 Elementarereignisse

 4 Ereignisse für gleiche Farbe

In einem Kasten befinden sich achtzehn Kugeln   5 gelb

4 schwarze

7 grüne

2 weiße

Jetzt wird dreimal nacheinander eine Kugel gegriffen und zurückgelegt.

Gesucht ist die Wahrscheinlichkeit für das Verbundereignis 1 schwarze UND 1 grüne UND 1 weiße Kugel. $p_{sgw} = \ldots\ldots\ldots\ldots$

Gesucht ist die Wahrscheinlichkeit für das Verbundereignis 1 gelbe UND 1 schwarze UND 1 grüne Kugel. $p_{gsg} = \ldots\ldots\ldots\ldots$

------------------------------ ▷ 44

69

1. Die Zweiergruppen für die drei Elemente a, b, c sind

   ab, ac, bc Möglichkeiten: 3

2. Rechnung: Es gibt $\binom{3}{2}$ Möglichkeiten also $\frac{3!}{2!\,1!} = 3$ Möglichkeiten.

Rechnen Sie nun die ursprüngliche Aufgabe.

Aus 5 verschiedenen Elementen sollen Dreiergruppen gebildet werden. Wieviele verschiedene Dreiergruppen gibt es ?

   $\ldots\ldots\ldots\ldots$

------------------------------ ▷ 70

18

$$p_1 = \frac{1}{8} \qquad\qquad p_2 = \frac{1}{2}$$

Rekapitulieren Sie den Rechengang, um die klassische Wahrscheinlichkeit zu berechnen:

1. „günstige" Elementarereignisse ermitteln (N_A)
2. mögliche Elementarereignisse ermitteln (N)

$$p_A = \dots\dots\dots\dots$$

▷ 19

44

a) $\quad p_{\text{sgw}} = \dfrac{4}{18} \cdot \dfrac{7}{18} \cdot \dfrac{2}{18} = \dfrac{7}{9^3} = 0{,}01$

b) $\quad p_{\text{gsg}} = \dfrac{5}{18} \cdot \dfrac{4}{18} \cdot \dfrac{7}{18} = \dfrac{35}{2 \cdot 9^3} = \dfrac{35}{1458} = 0{,}024$

▷ 45

70

$$\binom{5}{3} = \frac{5!}{3!(5-3)!} = 10$$

Ein Verein hat 20 Mitglieder. Der Vorstand dieses Vereins wird von 5 Mitgliedern gebildet. Wieviele Möglichkeiten gibt es, den Vorstand zu bilden?

▷ 71

19

$$p_A = \frac{N_A}{N}$$

....

In einer Schublade liegen zehn Hemden. Bei drei Hemden fehlt der Kragenknopf.

Morgens wird im Dunkeln und in Eile ein Hemd gegriffen.

Wie groß ist die Wahrscheinlichkeit, eines *mit* Kragenknopf zu erwischen?

p_{mit} = ...

Wie groß ist die Wahrscheinlichkeit eines *ohne* Knopf zu erwischen?

p_{ohne} = ...

------------------------------- ▷   20

45

Abzählmethoden

Permutationen

Schreiben Sie die neuen Begriffe und Regeln heraus und rechnen Sie die Beispiele mit!
Mitrechnen macht mit den Ableitungen vertraut und gibt Sicherheit.

STUDIEREN SIE im Lehrbuch   10.3   Abzählmethoden
                                10.3.1   Permutationen
                                          Lehrbuch, Seite 246 - 247

BEARBEITEN SIE DANACH Lehrschritt   ------------------------------- ▷   46

71

Es gibt $\binom{20}{5}$ Möglichkeiten, aus 20 Personen einen 5-köpfigen Vorstand zu bilden.

$$\binom{20}{5} = \frac{20!}{15!5!} = \frac{20 \cdot 19 \cdot 18 \cdot 17 \cdot 16}{2 \cdot 3 \cdot 4 \cdot 5} = 15\,504$$

....

Damit hätten Sie Kapitel 10 durchgearbeitet und sich eine Belohnung verdient.

Falls Sie ein Problem aus der Parapsychologie bearbeiten wollen   -------------------- ▷   72

Sonst   ------------------------------- ▷   78

20

$$p_{mit} = \frac{7}{10} \qquad\qquad p_{ohne} = \frac{3}{10}$$

Hinweis – nicht zu ernst nehmen – Der Schaden wird begrenzt, wenn man einen Schlips benutzt.

....

Wie groß ist die Wahrscheinlichkeit, bei einem Würfelwurf drei Augen zu werfen?

$$p = \ldots\ldots\ldots\ldots$$

------------------------------- ▷ 21

46

Fünf Freundinnen sitzen auf einer Bank in dieser Reihenfolge

Alwine
Berta
Chlothilde
Dora
Erna

Das ist eine mögliche Anordnung der fünf Freundinnen. Der Mathematiker nennt die Freundinnen kurz Elemente.

Eine mögliche Anorndung heißt: ....

------------------------------- ▷ 47

72

Hier das Problem:*

Ein Parapsychologe unternimmt den Versuch, hellseherische Fähigkeiten zu identifizieren. Zu diesem Zweck stellt er einer Versammlung von 500 Menschen die Aufgabe, das Ergebnis eines Versuchs zu erraten. Hinter einem Wandschirm wird eine Münze 10mal geworfen. Die Reihenfolge der einzelnen Versuchsergebnisse – Kopf oder Zahl – soll von den Zuschauern geraten werden.

Als hellseherisch begabt gilt, wer höchstens einen Fehler in der Vorhersage macht.

Falls eine Person gefunden wird, die diese Bedingung erfüllt, kann man sagen sie sei hellseherisch begabt?

Sie können die Frage beantworten ------------------------------- ▷ 74
Sie möchten einen Hinweis ------------------------------- ▷ 73

* Frei nach Meschkowski: „Wahrscheinlichkeitsrechnung" Bibl. Institut Mannheim, 1968

21

$$\frac{1}{6}$$

....

Falls bisher keine Schwierigkeiten   ----------------------------------- ▷   24

Falls bisher noch Schwierigkeiten, weiter üben   ----------------------------------- ▷   22

47

Permutation
....

Geben Sie alle Permutationen der drei Elemente x, y, z an.

. . . .

. . . .

----------------------------------- ▷   48

73

Die Aufgabe läßt sich mit Hilfe der Wahrscheinlichkeitsrechnung lösen.

1. Hinweis: Sie müssen die Wahrscheinlichkeit bestimmen, daß in dem Auditorium *keine*
             Person die Bedingung erfüllt.

             Sie können die Wahrscheinlichkeit bestimmen, daß eine bestimmte Person die
             Bedingung erfüllt.

Ein weiterer Hinweis   ----------------------------------- ▷   74

Weitere Hinweise nicht nötig   ----------------------------------- ▷   77

22

1. Ein Skatspiel besteht aus 16 roten und 16 schwarzen Karten. Mit welcher Wahrscheinlichkeit wird eine schwarze Karte aus dem Stapel gezogen?

   $p_1 = $ ....

2. In einem Kasten befinden sich 20 Kugeln. Davon sind 16 blau und 4 grün. Berechnen Sie die Wahrscheinlichkeit für das Herausziehen einer blauen Kugel.

   $p_2 = $ ....

3. Mit welcher Wahrscheinlichkeit ist beim Würfeln die Zahl der geworfenen Augen durch 3 teilbar?

   $p_3 = $ ....

------------------------------- ▷ 23

48

xyz	yxz	zxy
xzy	yzx	zyx

Permutation ist eine   ....

Anordnung von   ....

Bei drei Elementen gibt es .... Permutationen.

------------------------------- ▷ 49

74

2. Hinweis: Um die Wahrscheinlichkeit dafür zu finden, daß keine der 500 Personen die Bedingung erfüllt, müssen Sie die Wahrscheinlichkeit bestimmen, daß eine *bestimmte* Person *mindestens* 9 Treffer erreicht.

Verwenden Sie die klassische Definition der Wahrscheinlichkeit

$p = $ ....

Ich habe noch Schwierigkeiten   ------------------------------- ▷ 75

Ich möchte die Lösung vergleichen   ------------------------------- ▷ 76

23

1. $p = \dfrac{16}{32} = \dfrac{1}{2}$ 2. $p_{blau} = \dfrac{16}{20} = 0{,}8$ 3. $p = \dfrac{1}{3}$

Falls Sie noch Schwierigkeiten haben, bitte noch einmal den Abschnitt im Lehrbuch studieren.

------------------------------ ▷ 24

49

Permutation ist eine *mögliche* Anordnung von *beliebigen Elementen.*

6

Das Symbol $N!$ heißt: . . . .

Das Symbol $N!$ bedeutet: $N! = $ . . . .

------------------------------ ▷ 50

75

Zahl der möglichen Voraussagen für eine bestimmte Person $2 \cdot 2 \cdot 2 \cdot 2 \ldots 2 = 2^{10} = 1024$

Zahl der günstigen Voraussagen $10 + 1 = 11$. Begründung: Ein günstiger Fall liegt vor, wenn bei den 10 Vorhersagen nur ein Irrtum erfolgt.

Dieser Irrtum kann bei der 1., 2., ... 10. Zahl erfolgen. Das gibt 10 Fälle $= \binom{10}{1}$.

Ein günstiger Fall liegt auch vor, wenn kein Irrtum erfolgt. Das ergibt 1 Fall $= \binom{10}{0}$.

Damit ergibt sich: $p = \dfrac{11}{2^{10}} = \dfrac{11}{1024} = 0{,}011$

Die Wahrscheinlichkeit für eine Person, mehr als einen Fehler zu machen, ist dann $(1-p) = (1-0.011) = 0{,}989$. Die Wahrscheinlichkeit, daß alle 500 Personen mehr als einen Fehler machen, ist $(1-0{,}011)^{500} \approx 0{,}005$. D.h. daß mit großer Wahrscheinlichkeit (0,995) mindestens ein Anwesender die Bedingung – höchstens 1 Fehler – erfüllt. -------- ▷ 76

24

Ein Experiment werde 530mal durchgeführt. 50mal werde das Ergebnis A gemessen.

Die Größe $h_A = \dfrac{50}{530}$ heißt: ....

Sie geht für sehr große N über in die ....

Falls Sie nicht sofort antworten können. schauen Sie in die Stichworte, die Sie aus dem Lehrbuch gezogen haben. Hilft das nicht, Abschnitt 10.2.3 heranziehen.

------------------------------ ▷ 25

50

$N!$ heißt *Fakultät*

$N! = 1 \cdot 2 \cdot \ldots \cdot (N-1) \cdot N$

Berechnen sie

   $1! = $ ....

   $2! = $ ....

   $3! = $ ....

   $4! = $ ....

   $5! = $ ....

   $6! = $ ....

------------------------------ ▷ 51

76

Die Versuchanordnung ist zur Beantwortung der Fragestellung des Parapsychologen ungeeignet. Nach dem Zufallsgesetz ist die Wahrscheinlichkeit, daß wenigstens einer der Anwesenden die Bedingung erfüllt, p = 0,995. Hellseherische Fähigkeiten sind unnötig.

Begündung und Rechengang: Die Wahrscheinlichkeit, daß eine Person keinen oder einen Fehler macht ist

$p = \dfrac{11}{2^{10}} = 0{,}011$

Die Wahrscheinlichkeit, daß eine Person mehr als einen Fehler macht ist

p = (1-0,011) = 0,989

Die Wahrscheinlichkeit, daß alle 500 Personen mehr als einen Fehler machen, ist

$(0{,}989)^{500} = 0{,}005$

------------------------------ ▷ 77

25

Relative Häufigkeit

Statistische Wahrscheinlichkeit

....

Welche Wahrscheinlichkeit läßt sich durch praktische Versuche bestimmen?

.... Wahrscheinlichkeit

Ein Mädchen langweilt sich auf einer Autofahrt und zählt die entgegenkommenden „Cabriolets". Es stellt fest:

Von 144 Autos waren 8 Cabriolets.

Die relative Häufigkeit der Cabriolets beträgt

$h_{Cabriolet} =$ ....

----------------------------------- ▷   26

51

$1! = 1$
$2! = 1 \cdot 2 = 2$
$3! = 1 \cdot 2 \cdot 3 = 6$
$4! = 1 \cdot 2 \cdot 3 \cdot 4 = 24$
$5! = 1 \cdot 2 \cdot 3 \cdot 4 \cdot 5 = 120$
$6! = 1 \cdot 2 \cdot 3 \cdot 4 \cdot 5 \cdot 6 = 720$

....

Fünf Freundinnen wollen sich auf eine Bank setzen: Alwine, Berta, Chlothilde, Dora, Erna

Wieviele Reihenfolgen gibt es?

Es gibt .... Reihenfolgen.

Jede Reihenfolge ist eine ....

----------------------------------- ▷   52

77

Bei der Bearbeitung des Problems haben Sie praktisch wiederholt:

- Klassische Definition der Wahrscheinlichkeit
- Additionstheorem der Wahrscheinlichkeit
- Verbundwahrscheinlichkeit für unabhängige Ereignisse
- Binomialkoeffizient

----------------------------------- ▷   78

26

Statistische Wahrscheinlichkeit

$$h_{cabriolet} = \frac{8}{144} = \frac{1}{18}$$

....

Falls Sie eine ganze Weile konzentriert gearbeitet haben, können Sie ruhig eine Pause von ein paar Minuten einlegen.

Nun geht es weiter mit den Lehrschritten **auf der Mitte der Seiten**.

Sie finden Lehrschritt 27 unterhalb Lehrschritt 1.

BLÄTTERN SIE ZURÜCK   -------------------------------- ▷   27

52

120   Hinweis: Sehr gut, wenn Sie 120 herausbekommen haben.

Permutation   Die Anzahl der Permutationen von fünf Elementen ist gleich 5!

                                     $5! = 1 \cdot 2 \cdot 3 \cdot 4 \cdot 5 = 120$

....

In einem Raum stehen 4 Stühle. Auf wieviel verschiedene Arten können 4 Personen diese Stühle besetzen?

. . . .

Bei Schwierigkeiten das Lehrbuch oder Ihre Aufzeichnungen zu Rate ziehen.

Nun geht es weiter mit den Lehrschritten im **unteren Drittel der Seiten**.

Sie finden Lehrschritt 53 unterhalb der Lehrschritte 1 und 27.

BLÄTTERN SIE ZURÜCK   -------------------------------- ▷   53

78

Damit haben Sie das   des Kapitels erreicht!

п.ц.

Kapitel 11

Wahrscheinlichkeitsverteilung

1

Das Kapitel setzt die Kenntnis der im vorhergehenden Kapitel eingeführten Begriffe voraus.

Schreiben Sie fünf der wichtigsten Begriffe des vorhergehenden Kapitels 10 „Wahrscheinlichkeitsrechnung" auf.

1. . . . .

2. . . . .

3. . . . .

4. . . . .

5. . . . .

------------------------------ ▷   2

23

$$p(z=8)=\binom{10}{8}\left(\frac{1}{4}\right)^8 \cdot \left(\frac{3}{4}\right)^2$$

$$= 45\left(\frac{1}{4}\right)^8 \cdot \left(\frac{3}{4}\right)^2 = 0,0004$$

Die Wahrscheinlichkeit, mindestens 80% richtige Lösungen zufällig zu erhalten ist dann bei 10 Aufgaben:

$$p(z \ge 8) = p(z=10) + p(z=9) + p(z=8)$$

$$p(z \ge 8) = \ldots\ldots\ldots\ldots\ldots\ldots\ldots\ldots\ldots\ldots\ldots\ldots\ldots$$

------------------------------ ▷   24

45

$$\bar{x} = \frac{1}{3}$$

Rechengang:

$$\bar{x} = \int_{-\infty}^{\infty} x \cdot f(x)\, dx$$

$$= \int_{-\infty}^{0} x \cdot 0 \cdot dx + \int_{0}^{1} x \cdot 2(1-x) \cdot dx + \int_{1}^{\infty} x \cdot 0 \cdot dx$$

$$= 2\left[\frac{x^2}{2} - \frac{x^3}{3}\right]_0^1 = 2 \cdot \frac{1}{6} = \frac{1}{3}$$

------------------------------ ▷   46

$\boxed{2}$

Auf Ihrem Zettel könnte stehen:

1. Wahrscheinlichkeit, klassische Definition

2. Wahrscheinlichkeit, statistische Definition

3. Verbundwahrscheinlichkeit

4. Permutation

5. Binomialkoeffizient

Können Sie für diese Begriffe noch die Definition und die Formel aus dem Gedächtnis angeben?

Notieren Sie diese auf einem Zettel.

-------------------------------- ▷   3

$\boxed{24}$

$$p = (z \geq 8) = 0,0004$$

Die Wahrscheinlichkeit, zufällig mindestens 80% richtige Lösungen zu erhalten, ist beklagenswert gering: sie beträgt 0,0004, also weniger als 0,001!

Es ist wirklich empfehlenswerter, vor einem Test zu studieren.

-------------------------------- ▷ 25

$\boxed{46}$

Gegeben sei die Wahrscheinlichkeitsdichte

$$f(x) = \begin{cases} e^{-(x-a)} & \text{für } a \leq x \leq \infty \\ 0 & \text{sonst} \end{cases}$$

Ist die Normierungsbedingung erfüllt?

$$\int\limits_{-\infty}^{\infty} f(x)\, dx = 1$$

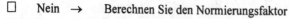

☐   Nein   →   Berechnen Sie den Normierungsfaktor

☐   Ja   →   Geben Sie den Mittelwert an

$$\bar{x} = \ldots\ldots\ldots\ldots\ldots\ldots\ldots\ldots$$

-------------------------------- ▷ 47

3

1. Wahrscheinlichkeit, klassische Definition:

$$P_A = \frac{N_A}{N} \quad \text{mit:} \quad N_A = \text{Zahl der Elementarereignisse des Ereignisses } A$$

$$N = \text{Gesamtzahl der Elementarereignisse}$$

2. Wahrscheinlichkeit, statistische Definition:

$$P_A = \lim_{N \to \infty} \frac{N_A}{N} \text{ mit } N_A = \text{empirische Häufigkeit des Auftretens von Ereignis } A$$

$$N = \text{Gesamtzahl der Versuche.}$$

Die statistische Definition bezieht sich auf durchgeführte Messungen und die dadurch bestimmte relative Häufigkeit.

-------------------------------- ▷   4

25

Kontinuierliche Wahrscheinlichkeitsverteilungen

STUDIEREN SIE im Lehrbuch   11.1.2   Kontinuierliche Wahrscheinlichkeitsverteilungen

Lehrbuch, Seite 253 - 256

BEARBEITEN SIE DANACH Lehrschritt

-------------------------------- ▷   26

47

Ja, die Normierungsbedingung ist erfüllt, der Normierungsfaktor ist 1:

$$\int_{-\infty}^{\infty} f(x)\, dx = \int_{a}^{\infty} e^{-(x-a)}\, dx = \left[\; -e^{-(x-a)} \;\right]_{a}^{\infty} = 1$$

$$\bar{x} = a + 1$$

Rechengang: $\bar{x} = \int_{-\infty}^{\infty} x\, f(x)\, dx = \int_{a}^{\infty} x\, e^{-(x-a)}\, dx$

Wir integrieren partielle und erhalten

$$\bar{x} = \left[\; -x\, e^{-(x-a)} \;\right]_{a}^{\infty} - \left[\; e^{-(x-a)} \;\right]_{a}^{\infty} = a + 1$$

Dieser Typ der Wahrscheinlichkeitsdichte trat bei der Bestimmung der Aufenthaltswahrscheinlichkeit eines Luftmoleküls in der Atmosphäre auf.

-------------------------------- ▷   48

4

3. Verbundwahrscheinlichkeit: Wahrscheinlichkeit, daß zwei oder mehrere Ereignisse zusammen auftreten. Bei unabhängigen Ereignissen ist die Verbundwahrscheinlichkeit das Produkt der Einzelwahrscheinlichkeiten.

$$P_{AB} = P_A \cdot P_B$$

4. Permutation: Mögliche Anordnung von Elementen.

   Fall A: Elemente alle verschieden: Zahl der Permutationen = $N!$

   Fall B: Elemente teilweise gleich: Zahl der Permutationen = $\dfrac{N!}{N_1! N_2! ... N_r!}$

5. Binomialkoeffizient: $\dbinom{N}{N_1} = \dfrac{N!}{N_1!(N - N_1)!}$

-------------------------------- ▷   5

26

Gegeben sei die Wahrscheinlichkeitsdichte für die kontinuierliche Zufallsvariable x:

$$\varphi(x) = \frac{1}{\sqrt{\pi}} e^{-\frac{x^2}{2}}$$

Geben Sie die Wahrscheinlichkeit dafür an, daß die Zufallsvariable den Wert $x = 2$ hat. Beachten Sie die Definition der Wahrscheinlichkeitsdichte!

$$p(x = 2) = \ldots\ldots\ldots\ldots$$

-------------------------------- ▷   27

48

Binomialverteilung und Normalverteilung

STUDIEREN SIE im Lehrbuch   11.3   Binomialverteilung und Normalverteilung
                                         Lehrbuch, Seite 258-260

BEARBEITEN SIE DANACH Lehrschritt   -------------------------------- ▷   49

| 5 |

Diskrete Wahrscheinlichkeitverteilung

STUDIEREN SIE im Lehrbuch   11.1.1   Diskrete Wahrscheinlichkeitsverteilung

Lehrbuch, Seite 251 - 253

BEARBEITEN SIE DANACH Lehrschritt   --------------------------------- ▷   6

| 27 |

$p(x = 2) = 0$

Hinweis: Bei kontinuierlichen Zufallsvariablen ist die Wahrscheinlichkeit, daß die Zufallsvariable einen bestimmten Wert annimmt, immer Null. Eine von Null verschiedene Wahrscheinlichkeit kann nur für ein endliches Intervall angegeben werden.

Gegeben ist die Wahrscheinlichkeitsdichte

$$f(x) = \begin{cases} \dfrac{1}{3} \text{ für } 0 \leq x \leq 3 \\ 0 \text{ sonst} \end{cases}$$

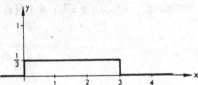

Wie groß ist die Wahrscheinlichkeit

$p(2,0 \leq x \leq 2,5)$ für den Bereich $2,0 \leq x \leq 2,5$?

$p(2,0 \leq x \leq 2,5) = \ldots\ldots\ldots\ldots\ldots\ldots$

--------------------------------- ▷   28

| 49 |

Kreuzen Sie die Aufgaben an, die mit der Binomialverteilung gelöst werden können. Nehmen Sie im Zweifel das Lehrbuch zu Hilfe.

a) ☐   5 Würfel werden geworfen, Wie groß ist die Wahrscheinlichkeit, daß 3 Würfel eine gerade Augenzahl zeigen?

b) ☐   Ein Würfel wird 6mal geworfen. Wie groß ist die Wahrscheinlichkeit, daß jedesmal eine ungerade Zahl geworfen wird?

c) ☐   Eine Urne enthält 1 weiße und 2 rote Kugeln. Zunächst wird 1 Kugel herausgenommen und danach eine zweite Kugel. Wie groß ist die Wahrscheinlichkeit, daß diese beiden Kugeln rot sind?

d) ☐   Wieviele Möglichkeiten gibt es, aus einem Skatspiel eine rote Karte zu ziehen?

--------------------------------- ▷   50

6

Ein Zufallsexperiment bestehe aus dem Werfen einer Münze. Als Zufallsvariable x wählen wir das Ereignis „Zahl".

Geben Sie die zu der Zufallsvariable x gehörende Wahrscheinlichkeitsverteilung als Tabelle an.

Zufallsvariable x	Wahrscheinlichkeit p

Lösung gefunden   ----------------------------- ▷   8

Erläuterung oder Hilfe erwünscht   ----------------------------- ▷   7

28

$$p(2{,}0 \leq x \leq 2{,}5) = \frac{1}{6}$$

Rechnung: $p(2{,}0 \leq x \leq 2{,}5) = \int\limits_{2{,}0}^{2{,}5} f(x)\, dx$

$$= \int\limits_{2{,}0}^{2{,}5} \frac{1}{3}\, dx = \frac{1}{3}[2{,}5 - 2{,}0] = \frac{1}{6}$$

----------------------------- ▷ 29

50

Es gilt: a) ja

b) ja

c) nein

d) nein

Stimmt Ihr Ergebnis mit dem obigen überein?

Ja   ----------------------------- ▷ 54

Nein   ----------------------------- ▷ 51

7

Die Aufgabe hieß:

Ein Zufallsexperiment bestehe aus dem Werfen einer Münze. Als Zufallsvariable x wählen wir das Ereignis „Zahl".

Geben Sie die zur der Zufallsvariablen x gehörende Wahrscheinlichkeitsverteilung als Tabelle an.

Für „Zahl" hat x den Wert 1. Für „nicht Zahl" hat x den Wert 0

Vervollständigen Sie jetzt die Tabelle, denn die zugehörigen Wahrscheinlichkeiten müßten Ihnen bekannt sein.

Zufallsvariable x	Wahrscheinlichkeit p
1	. . . .
0	. . . .

- ▷   8

29

Mittelwert

STUDIEREN SIE im Lehrbuch   11.2   Mittelwert

Lehrbuch, Seite 257 - 259

BEARBEITEN SIE DANACH Lehrschritt   - ▷   30

51

Gehen Sie anhand des Lehrbuches noch einmal die Aufgaben durch und versuchen Sie, selbst Ihren Fehler zu identifizieren. Das mag mühsam sein, aber wenn Sie Ihren Fehler selbst entdecken, lernen Sie die Ursachen für den Fehler besser kennen.

Fehler gefunden   - ▷   54

Hilfe erwünscht   - ▷   52

8

Zufallsvariable x	Wahrscheinlichkeit p
1	0,5
0	0,5

Das Zufallsexperiment sei nun das gleichzeitige Werfen dreier Münzen. Zufallsvariable x sei: Anzahl der Münzen mit Kopfseite minus Anzahl der Münzen mit Zahl.

Zu bestimmen: Wahrscheinlichkeitsverteilung für die Zufallsvariable x.

Zufallsvariable x	Wahrscheinlichkeit p

Lösung gefunden   ------------------------------ ▷   11

Erläuterung oder Hilfe erwünscht   ------------------------------ ▷   9

30

Geben Sie mehrere Formen der Definition des arithmetischen Mittelwertes an:

Diskrete Zufallsvariable: $\bar{x} = \ldots\ldots\ldots\ldots$

Diskrete Zufallsvariable: $\bar{x} = \ldots\ldots\ldots\ldots$

Kontinuierliche Zufallsvariable: $\bar{x} = \ldots\ldots\ldots\ldots$

------------------------------ ▷   31

52

Die Binomialverteilung gibt Wahrscheinlichkeiten an. Sie gibt nicht Möglichkeiten an. Damit entfällt Beispiel d).

Die Binomialverteilung bezieht sich auf Ereignisse mit zwei *und nur zwei* Ausgängen.

Die Bedingung ist von den Beispielen a), b) und c) erfüllt. Weitere Bedingung: Die Wahrscheinlichkeiten für das Eintreten des einen oder anderen Ereignisses müssen bekannt und konstant sein.

Die Bedingung ist von den Beispielen a) und b) erfüllt. Im Beispiel c) ist die Wahrscheinlichkeit zwar bekannt, aber in den aufeinanderfolgenden Experimenten nicht konstant.

Nummehr alles klar   ------------------------------ ▷   54

Wünsche weitere Erläuterung zum Beispiel c)   ------------------------------ ▷   53

9

Zufallsexperiment: Werfen dreier Münzen.

Zufallsvariable: $x = N_{\text{Kopf}} - N_{\text{Zahl}}$

Mögliche Elementarereignisse (1. Münze, 2. Münze, 3. Münze)

(KKK), (KKZ), (KZK), (ZKK), (ZKZ), (ZZK), (ZZZ)

Jedes dieser Elementarereignisse hat die Wahrscheinlichkeit $\dfrac{1}{8}$.

Für das Elementarereignis KKZ ist $x = (2 - 1) = 1$

$x = 1$ kann realisiert werden durch . . . . Elementarereignisse.

Für das Elementarereignis KZZ ist $x = $ . . . .

------------------------------- ▷ 10

31

Diskrete Zufallsvariable: $\bar{x} = \dfrac{1}{N}\displaystyle\sum_{i=1}^{N} x_i, \qquad \bar{x} = \dfrac{1}{N}\displaystyle\sum_{i=1}^{K} N_i x_i,$

Kontinuierliche Zufallsvariable: $\bar{x} = \displaystyle\int_{x_1}^{x_2} x\, f(x)\, dx$

Die Messung einer physikalischen Größe habe folgendes Ergebnis:

x_i	x_1	x_2	x_3	x_4	x_5	x_6
	2,9	3,1	3,5	3,5	3,7	4,1

Der Mittelwert ist: $\bar{x} = $ . . . .

------------------------------- ▷ 32

53

Die Frage c) war: Aus einer Urne mit einer weißen und zwei roten Kugeln wird eine Kugel herausgenommen und danach eine zweite Kugel. Wie groß ist die Wahrscheinlichkeit, daß diese beiden Kugeln rot sind?

Wir haben zwei Experimente, die nacheinander durchgeführt werden. Für jedes Experiment gibt es zwei Ausgänge: rote Kugeln, weiße Kugeln.

1. Experiment: Wahrscheinlichkeit eine rote Kugel zu greifen: $p_{\text{rot}} = \dfrac{2}{3}$.

Eine rote Kugel werde gegriffen.

Nach diesem Experiment verbleiben in der Urne noch eine rote und eine weiße Kugel. Jetzt hat sich die Wahrscheinlichkeit verändert.

2. Experiment: Wahrscheinlichkeit eine rote Kugel zu greifen: $p_{\text{rot}} = \dfrac{1}{2}$

Die Wahrscheinlichkeit, eine rote Kugel zu greifen, ist bei beiden Experimenten *nicht* mehr gleich. Dies widerspricht der Voraussetzung für die Anwendung der Binomialverteilung. Voraussetzung ist nämlich: Die Wahrscheinlichkeit für die beiden Ereignisse muß konstant sein.

------------------------------- ▷ 54

10

3

-1

....

Es werden drei Münzen geworfen. Können Sie nun die Wahrscheinlichkeitsverteilung angeben? $x = N_{Kopf} - N_{Zahl}$

Zufallsvariable x	Wahrscheinlichkeit $p(x)$

------------------------------- ▷   11

32

3,47

....

Eine Messung A ergibt 20 Meßwerte:

1,2	1,0	1,1	1,3
1,1	1,2	1,2	1,1
1,4	1,3	1,3	1,1
1,2	1,2	1,4	1,1
1,2	1,0	1,2	1,4

Aus diesen 20 Meßwerten soll die Häufigkeitstabelle aufgestellt werden, um die Häufigkeiten und die relativen Häufigkeiten zu bestimmen.

Der 1. Schritt ist die Vorbereitung der Häufigkeitstabelle.

------------------------------- ▷   33

54

5 Würfel werden geworfen. Wie groß ist dei Wahrscheinlichkeit, daß 3 Würfel eine gerade Augenzahl zeigen?

Hier kommt es darauf an, die richtigen Werte in die Binomialformel einzusetzen. Die Binomialformel finden Sie im Lehrbuch. Wir benötigen folgende Werte:

$N = \ldots\ldots\ldots\ldots\ldots$

$k = \ldots\ldots\ldots\ldots\ldots$

$p = \ldots\ldots\ldots\ldots\ldots$

------------------------------- ▷   55

Zufallsvariable x	Wahrscheinlichkeit $p(x)$
-3	$\frac{1}{8}$
-1	$\frac{3}{8}$
+1	$\frac{3}{8}$
+3	$\frac{1}{8}$

In Zweifel noch einmal Erläuterung ab Lehrschritt 9 lesen.

-------------------------------- ▷ 12

Meßwert	Häufigkeit	Relative Häufigkeit

Dies ist die übliche Form der Häufigkeitstabelle. Füllen Sie die Tabelle vollständig aus mit den Werten, die im vorangegangenen Lehrschritt angegeben sind.

-------------------------------- ▷ 34

$N = 5$

$k = 3$

$p = \frac{1}{2}$

Die Aufgabe war: 5 Würfel werden geworfen. Gesucht ist die Wahrscheinlichkeit, daß 3 Würfel eine gerade Augenzahl zeigen.

$p_5(3) = \ldots\ldots\ldots\ldots$

Ist es gleichwertig, 5 Würfel gleichzeitig zu werfen oder einen Würfel 5mal hintereinander zu werfen?

☐   ja

☐   nein

-------------------------------- ▷ 56

Im Abschnitt 11.1.1 wird der Wurf zweier Würfel mit der Zufallsvariablen „Summe der Augenzahlen" behandelt. Bestimmen Sie nun die Wahrscheinlichkeitsverteilung für die Zufallsvariable „Augenzahl des ersten Würfels minus Augenzahl des zweiten Würfels".

Lösen Sie die Aufgabe entsprechend dem zweiten Beispiel in Abschnitt 11.1.1.

Lösung gefunden   ------------------------------- ▷ 14

Erläuterung oder Hilfe erwünscht   ------------------------------- ▷ 13

Meßwert	Häufigkeit	Relative Häufigkeit
1,0	2	0,10
1,1	5	0,25
1,2	7	0,35
1,3	3	0,15
1,4	3	0,15

Zeichnen Sie die Häufigkeitsverteilung unten in das Diagramm ein.

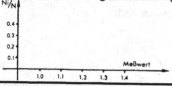

------------------------------- ▷ 35

$$p_5(3) = \binom{5}{3} \cdot (\tfrac{1}{2})^3 \cdot (\tfrac{1}{2})^2 = \frac{5}{16} \approx 0,3$$

Ja, beide Versuchsanordnungen sind gleichwertig.

------------------------------- ▷ 57

13

Zufallsexperiment: Werfen zweier Würfel

Zufallsvariable x = Augenzahl des 1. Würfels – Augenzahl des 2. Würfels

Drei Werte der Zufallsvariablen mit Realisierungen und der Wahrscheinlichkeit sind angeben.

Zufallsvariable	Wahrscheinlichkeit	Zufallsvariable	Wahrscheinlichkeit
-5	$\frac{1}{36}$		
-4	$\frac{2}{36}$		
-3	$\frac{3}{36}$		

Vervollständigen Sie die Tabelle ------------------------------- ▷ 14

35

Messung A

------------------------------- ▷ 36

57

Eigenschaften der Normalverteilung

STUDIEREN SIE im Lehrbuch   11.3.1   Eigenschaften der Normalverteilung

Lehrbuch, Seite 260 - 263

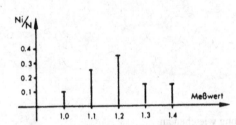

BEARBEITEN SIE DANACH Lehrschritt ------------------------------- ▷ 58

14

Zufallsvariable	Wahrscheinlichkeit	Zufallsvariable	Wahrscheinlichkeit
-5	$\frac{1}{36}$	1	$\frac{5}{36}$
-4	$\frac{2}{36}$	2	$\frac{4}{36}$
-3	$\frac{3}{36}$	3	$\frac{3}{36}$
-2	$\frac{4}{36}$	4	$\frac{2}{36}$
-1	$\frac{5}{36}$	5	$\frac{1}{36}$
0	$\frac{6}{36}$		

-------------------------------- ▷ 15

36

Eine Messung B ergibt 20 andere Meßwerte.

1,20	1,18	1,19	1,21
1,19	1,20	1,20	1,19
1,22	1,21	1,21	1,19
1,20	1,20	1,22	1,19
1,20	1,18	1,20	1,22

Legen Sie eine Häufigkeitsverteilung wie eben an.

-------------------------------- ▷ 37

58

In der folgenden Skizze sind drei Normalverteilungen eingezeichnet. Durch welche Parameter unterscheiden sich die drei Verteilungen?

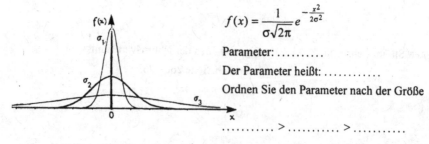

$$f(x) = \frac{1}{\sigma\sqrt{2\pi}} e^{-\frac{x^2}{2\sigma^2}}$$

Parameter: ....

Der Parameter heißt: ....

Ordnen Sie den Parameter nach der Größe

.... > .... > ....

-------------------------------- ▷ 59

15

Sebastian behauptet, er könne zwei Biersorten A und B am Geschmack sicher voneinander unterscheiden. Mathias glaubt es nicht.

Sebastian schlägt ein Experiment vor. Er will aus zwei Gläsern trinken und die richtige Biersorte identifizieren.

Mathias ist nicht überzeugt. Er weiß, daß Sebastian rein zufällig die richtige Sorte mit einer Wahrscheinlichkeit findet von

$p = \ldots\ldots\ldots$

-------------------------------------- ▷   16

37

Messung B ergibt 20 andere Meßwerte. Die Häufigkeitstabelle ist hier bereits angefertigt.

Meßwert	Häufigkeit	Relative Häufigkeit
1,18	2	0,10
1,19	5	0,25
1,20	7	0,35
1,21	3	0,15
1,22	3	0,15

Zeichnen Sie in das Koordinatensystem die Häufigkeitsverteilung für Messung B ein.

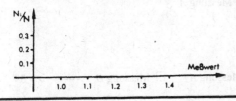

-------------------------------- ▷   38

59

Parameter σ . Der Parameter heißt Standardabweichung.

Für die Standardabweichung gilt in diesem Fall: $\sigma_3 > \sigma_2 > \sigma_1$

Gegeben sei die Normalverteilung

$$f(x) = \frac{1}{\sigma\sqrt{2\pi}} e^{-\frac{x^2}{2\sigma^2}}$$

Wie groß ist der Mittelwert der Zufallsvariablen x?

$\bar{x} = \ldots\ldots\ldots\ldots$

Hinweis: Nicht rechnen; überlegen und Symmetriebetrachtungen anstellen.

-------------------------------- ▷   60

$p = 0,5$

....

Mathias ist erst überzeugt, wenn Sebastian ihm ein Experiment vorschlägt, bei dem die Wahrscheinlichkeit kleiner als 0,01 ist, zufällig die Biersorten zu unterscheiden.

Können Sie einen Versuchsplan angeben   ------------------------------ ▷ 18

Hilfe und weitere Hinweise   ------------------------------ ▷ 17

38

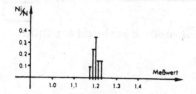

Messung B

Die Häufigkeitsverteilung für die Messung B hat den gleichen Mittelwert, sie unterscheidet sich aber von der für Messung A, die hier hoch einmal gezeigt wird:

Messung A

Welche Messung ist zuverlässiger?   ☐ Messung A ☐ Messung B ------- ▷ 39

60

Die Normalverteilung hatte ihr Maximum bei $x = 0$ und sie war symmetrisch für diesen Punkt. Deshalb gilt für den Mittelwert:

$$\bar{x} = 0$$

Jede bezüglich $x = 0$ symmetrische Wahrscheinlichkeitsverteilung hat $\bar{x} = 0$.

....

Gegeben sei die Zufallsvariable x mit der Normalverteilung

$$f(x) = \frac{1}{\sigma\sqrt{2\pi}}\, e^{-\frac{(x-\mu)^2}{2\sigma^2}}$$

Der Mittelwert ist $\bar{x} = \ldots\ldots\ldots\ldots$

Hinweis: Nicht rechnen, überlegen und Symmetriebetrachtung für den Punkt $x = \mu$ anstellen.

------------------------------ ▷   61

17

Sebastian muß in mehreren nacheinander ausgeführten Versuchen die richtige Biersorte identifizieren. Kann er es wirklich, wird er jedesmal recht haben. Kann er es nicht, sinkt mit jedem weiteren Versuch die Wahrscheinlichkeit, zufällig recht gehabt zu haben.

Wieviele Versuche sind notwendig, um die Wahrscheinlichkeit für ein zufällig richtiges Gesamtergebnis kleiner als 0,01 zu halten?

....

-------------------------------------- ▷ 18

39

Messung *B*

Gegeben sei die Wahrscheinlichkeitsverteilung $p_1, \ldots p_k$ zu den Werten $x_1, \ldots x_k$ einer diskreten Zufallsvariablen x.

Der Mittelwert x ist definiert als

$$\bar{x} = \ldots\ldots\ldots\ldots$$

-------------------------------- ▷   40

61

$x = \mu$ (Vergleichen Sie auch mit dem Lehrtext)

Vertrautheit mit der Normalverteilung erwirbt man sich durch Übung. Skizzieren Sie zwei Normalverteilungen:

$$f(x) = \frac{1}{\sigma\sqrt{2\pi}} e^{-\frac{(x-\mu)^2}{2\sigma^2}}$$

a) $\sigma_1 = 1$ und $\mu = 5$;

b) $\sigma_2 = 0,5$ und $\mu = 1$

Hinweis: für die Skizze Werte abschätzen

$$\frac{1}{\sqrt{2\pi}} \approx \frac{1}{2,5} = 0,4$$

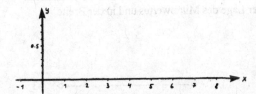

-------------------------------- ▷   62

18

Sebastian muß den Versuch 7mal wiederholen. Behält er jedesmal recht, ist Mathias zufrieden.

Versuche	1	2	3	4	5	6	7
richtige Identifikation	ja	ja	ja	ja	ja	ja	ja
Zufallswahrscheinlichkeit für richtige Identifikation $p = (\frac{1}{2})^n$	0,5	0,25	0,13	0,06	0,03	0,016	0,0078

Die Wahrscheinlichkeit, daß Sebastian in sieben aufeinanderfolgenden Versuchen zufällig immer die richtige Zuordnung trifft, ist demnach 0,0078. -------------------- ▷ 19

40

$$\bar{x} = \sum_{i=1}^{K} p_i x_i$$

Eine Messung habe das Ergebnis

Meßwert	relative Häufigkeit
$x_1 = 4$	$h_1 = 0,1$
$x_2 = 5$	$h_2 = 0,3$
$x_3 = 6$	$h_3 = 0,4$
$x_4 = 7$	$h_4 = 0,2$

Der Mittelwert ist $\bar{x}$ = ...

------------------------------- ▷ 41

62

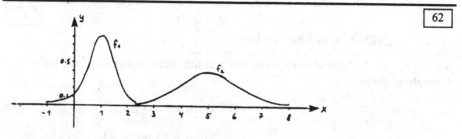

Hier kam es darauf an, einige Werte abzuschätzen und den Kurvenverlauf zu skizzieren. Die Unterschiede beider Kurven liegen in der Lage des Mittelwertes und in der Breite.

-------------------------------- ▷ 63

$$\boxed{19}$$

Angenommen, Sie schreiben einen Test, der sich auf den Inhalt des Kapitels „Komplexe Zahlen" bezieht. Der Test bestehe aus zehn multiple choice (Auswahlantwort) Aufgaben. In jeder Aufgabe ist die richtige Lösung aus vier angebotenen auszuwählen.

Weiter sei angenommen, Sie haben das Kapitel über „Komplexe Zahlen" nicht bearbeitet. Dennoch entschließen Sie sich, den Test mitzuschreiben und verlassen sich darauf, zufällig die richtigen Antworten anzukreuzen.

Der Test sei erfolgreich absolviert, wenn Sie mindestens 80% der Aufgaben richtig haben.

Wie groß ist Ihre Chance dieses Ziel zufällig zu erreichen . . . .

Hinweis und Rechengang   ----------------------------- ▷ 20
Lösung   ----------------------------- ▷ 24

$$\boxed{41}$$

$$\bar{x} = p_1 x_1 + p_2 x_2 + p_3 x_3 + p_4 x_4$$
$$= 0,14 + 1,5 + 2,4 + 1,4$$
$$= 5,7$$

Berechnen Sie die mittlere Augenzahl bei Würfeln mit einem Würfel.

Mittlere Augenzahl = ...

--------------------------------- ▷ 42

$$\boxed{63}$$

Im Lehrbuch ist auf den Seiten 263 - 265 die Binomialverteilung abgeleitet. Im Anhang A und B werden die notwendigen Integrale berechnet. Diese Abschnitte richten sich an den Leser, den sich der Mathematiker wünscht. Einen Leser nämlich, der kein Ergebnis ungeprüft übernimmt. Der Beweis ist nicht schwer. Die Binomialverteilung lag auch dem Problem im Leitprogramm zugrunde, als nach der Wahrscheinlichkeit gefragt wurde, in einem Test mindestens 80% der Aufgaben richtig zu beantworten.

Ob Sie diese Abschnitte studieren, liegt bei Ihnen. Ein Argument bei dieser Entscheidung ist die zur Verfügung stehende Zeit. Oft reicht sie nicht aus. Dann können Sie hier Zeit einsparen und gleich weitermachen. Falls Sie diese Abschnitte bearbeiten, ist es nötig, mitzurechnen.

--------------------------------- ▷ 64

20

Die Zufallsvariable x für eine Aufgabe kann zwei Werte annehmen:

1 = richtig 0 = falsch

Die Aufgabenlösungen erfolgen unabhängig voneinander.

Die Wahrscheinlichkeit p, die richtige Lösung bei 4 Antwortmöglichkeiten zufällig anzukreuzen ist

$p(x = 1) = $ ....

Die Wahrscheinlichkeit, eine falsche Lösung zufällig anzukreuzen, ist

$p(x = 0) = $ ....

------------------------------ ▷ 21

42

Mittlere Augenzahl $= \frac{1}{6} \cdot 1 + \frac{1}{6} \cdot 2 + \frac{1}{6} \cdot 3 + \frac{1}{6} \cdot 4 + \frac{1}{6} \cdot 5 + \frac{1}{6} \cdot 6 = 3{,}5$

Eine Zufallsvariable besitze die Wahrscheinlichkeitsdichte

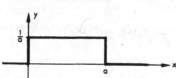

$$f(x) = \begin{cases} \dfrac{1}{a} & \text{für } 0 \le x \le a \\ 0 & \text{sonst} \end{cases}$$

Berechnen Sie den Mittelwert der Zufallsvariablen x. (Integrale kann man abschnittsweise berechnen.) $\bar{x} = $ ....
------------------------------ ▷ 43

64

Wer kein passionierter Mathematiker ist, und die sind selten, hat bisher eine erhebliche Arbeitsleistung aufgebracht und in vielen Entscheidungen nicht den bequemsten Weg gewählt. Auch dies ist ein Grund dafür, sich einmal selbst auf die Schulter zu klopfen, wenn es kein anderer tut.

Aber danach die Übungsaufgaben auf Seite 268 nicht ganz vergessen. Am besten nach einigen Tagen rechnen.

------------------------------ ▷ 65

21

$$p(x = 1) = \frac{1}{4}$$
$$p(x = 0) = \frac{3}{4}$$

Die Wahrscheinlichkeit, zufällig alle 10 Aufgaben richtig anzukreuzen, ist

$p(z = 10) =$ ....

Die Wahrscheinlichkeit, zufällig 9 Aufgaben richtig anzukreuzen, ist

$p(z = 9) =$ ....

--------------------------------- ▷ 22

43

$$\bar{x} = \int\limits_{-\infty}^{\infty} x f(x)\, dx = \int\limits_{0}^{a} x \cdot \frac{1}{2}\, dx = \frac{a}{2}$$

Weitere Übung erwünscht   --------------------------------- ▷ 44

Ohne weitere Übung geht es weiter mit   --------------------------------- ▷ *46

* ZURÜCKBLÄTTERN. Sie finden Lehrschritt 46 unterhalb der Lehrschritte 1 und 23.
Es geht weiter mit den Lehrschritten im **unteren Drittel der Seiten**.

65

Der Hinweis, sich nach einer guten Arbeitsleistung selbst auf die Schulter zu klopfen, ist ganz ernst gemeint. Es ist eine Leistung, einen größeren Studienabschnitt oder ein anspruchsvolles Arbeitspensum durchzuhalten. Sie verdient Anerkennung und wer könnte diese Leistung besser einschätzen, als Sie selbst. Sich gelegentlich die geleistete Arbeit und die bereits erreichten Studienfortschritte bewußt zu machen, stärkt Ihr Selbstvertrauen und stabilisiert Ihre Motivation. Psychologen nennen diese Technik „Selbstverstärkung" oder „Selbstbekräftigung" und ihre förderliche Wirkung auf das Studierverhalten ist belegt.

--------------------------------- ▷ 66

$$p(z = 10) = (\tfrac{1}{4})^{10} = 0{,}000\,001$$

$$p(z = 9) = (\tfrac{1}{4})^{9} \cdot \tfrac{3}{4} \cdot 10 = 0{,}000\,03$$ Hinweis: 9 richtige und eine falsche Lösung kann auf 10 verschiedene Möglichkeiten erreicht werden.

Allgemein gilt für die Wahrscheinlichkeit $z = a$ richtige Lösungen zu erhalten.

$$p(z = a) = \binom{N}{a} \cdot p(x = 1)^{a} \cdot p(x = 0)^{N-a}$$

$$p(z = 8) = \dots\dots\dots\dots\dots\dots\dots$$

Dieser Ausdruck ist identisch mit der Binomialverteilung.

Nun geht es weiter mit den Lehrschritten **auf der Mitte der Seiten**.
Sie finden Lehrschritt 23 unter dem Lehrschritt 1.
BLÄTTERN SIE ZURÜCK

------------------------------- ▷   23

Der   Mittelwert $\bar{x}$ einer   kontinuierlichen   Zufallsvariablen   mit   der Wahrscheinlichkeitsverteilung $f(x)$ ist definiert als

$$\bar{x} = \int_{-\infty}^{\infty} x\, f(x)\, dx$$

Die Integrationsgenzen sind durch den Definitionsbereich der Zufallsvariablen x bestimmt. Geben Sie den Mittelwert der Zufallsvariablen x mit folgender Wahrscheinlichkeitsdichte an:

$$f(x) = \begin{cases} 2(1-x) & \text{für } 0 \leq x \leq 1 \\ 0 & \text{sonst} \end{cases}$$

$$\bar{x} = \dots\dots\dots\dots$$

Nun geht es weiter mit den Lehrschritten **im unteren Drittel der Seiten**.
Sie finden Lehrschritt 45 unterhalb der Lehrschritte 1 und 23.
BLÄTTERN SIE zurück

------------------------------- ▷   45

66

Es ist hilfreich, in Abständen innezuhalten, die erreichten Fortschritte wahrzunehmen und sich kleine Belohnungen für Teilziele auszusetzen.

Alles kann man übertreiben. Wer ein Teilziel erreicht hat, hat immer noch eine Wegstrecke vor sich und darf sich nicht zu lange ausruhen, also einem *„vorzeitigen Lorbeereffekt"* erliegen.

des Kapitels erreicht.

0

Kapitel 12

Fehlerrechnung

1

Für das Studium dieses Kapitels „Fehlerrechnung" ist es gut, das vorhergehende Kapitel „Wahrscheinlichkeitsverteilungen" zu kennen. Daher eine kurze Wiederholung.

Nennen Sie mindestens 3 neue Begriffe aus dem Kapitel „Wahrscheinlichkeitsverteilungen".

. . . .

. . . .

. . . .

------------------------------- ▷ 2

34

Verteilung 1, 3, 4, 2

Eine Festigung von Gedächtnisinhalten kann man durch interne innere Visualisierung erreichen. Diese Technik ist stark persönlichkeitsabhängig und besonders nützlich für Menschen, die ein gutes inneres Vorstellungsvermögen haben.

Möchte die Hinweise auf die Lerntechnik
Visualisierung überschlagen ------------------------------- ▷ 39

Hinweise zur inneren Visualisierung ------------------------------- ▷ 35

67

$$\frac{\partial f}{\partial R_1} = \frac{(220)^2}{(150+220)^2} = 0{,}35\,\Omega$$

$$\frac{\partial f}{\partial R_2} = \frac{(150)^2}{(150+220)^2} = 0{,}16\,\Omega$$

Jetzt setzen wir in die allgemeine Formel ein. Sie war:

$$\sigma_{MR} = \sqrt{(\frac{\partial f}{\partial R_1})^2\,\sigma_{R_1}{}^2 + (\frac{\partial f}{\partial R_2})^2 \cdot \sigma_{R_2}{}^2}$$

Mit $\sigma_{R_1} = 0{,}9\,\Omega$ und $\sigma_{R_2} = 1{,}1\,\Omega$ und den obigen Werten ergibt sich dann:

$\sigma_{MR} = $ . . . .

------------------------------- ▷ 68

| | 2 |

Diskrete Wahrscheinlichkeitsverteilung   Galton'sches Brett

Kontinuierliche Wahrscheinlichkeitsverteilung   Normalverteilung

Binomialverteilung   Mittelwert

Gegeben sei die Wahrscheinlichkeitsdichte der Normalverteilung:

$$f(x) = \frac{1}{\sigma\sqrt{2\pi}} \cdot e^{-\frac{(x-\mu)^2}{2\sigma^2}}$$

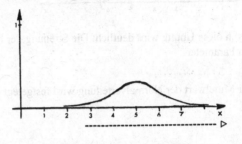

Die Skizze zeigt die Normalverteilung

für $\sigma = 1$ und $\mu = 5$.

Skizzieren Sie den Verlauf

für $\sigma = \frac{1}{2}$ und $\mu = 5$.

------------------------------ ▷   3

| | 35 |

Die Regel ist einfach. Man macht sich zu verbal oder formal dargestellten Sachverhalten innere Bilder. Am günstigsten sind Bilder, die sich bewegen.

Beispiel: Bei der eben besprochenen Gaußverteilung kann man sich vorstellen, wie eine spitze Glockenkurve mit wachsendem σ immer breiter wird und das Maximum dabei immer mehr abnimmt. Auch den umgekehrten Vorgang kann man sich vorstellen. Dann wird eine flache Glockenkurve immer enger und höher. Die Fläche unter der Kurve muß ja konstant bleiben.

Versuchen Sie es einmal, sich diese Kurvenveränderung vorzustellen. Lehnen Sie sich ruhig zurück und konzentrieren Sie sich auf das innere Bild.

------------------------------ ▷   36

| | 68 |

$$\sigma_{MR} = 0,13152^2 = 0,36 \, \Omega \qquad \text{Das Endergebnis heißt also:} \quad R = (89,19 \pm 0,36) \, \Omega$$

Wie groß ist der Gesamtwiderstand R und die Standardabweichung σ_{RM}, wenn man die beiden Widerstände $R_1 = (150 \pm 0,9) \, \Omega$ und $R_2 = (220 \pm 1,1) \, \Omega$ hintereinander schaltet?

$$R = R_1 + R_2$$
$$R = \dots \dots \, \Omega$$
$$\sigma_{MR} = \dots \dots \, \Omega$$

------------------------------ ▷   69

3

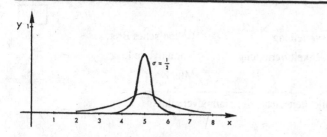

Durch diese Übung wird deutlich: Die Streuung der Normalverteilung wird festgelegt durch den Parameter

. . . .

Der Mittelwert der Normalverteilung wird festgelegt durch den Parameter

. . . .

-------------------------------- ▷ 4

36

Vielen – nicht allen – wird es gelingen, sich ein inneres Bild der Kurve und ihrer Veränderung zu machen.

Wem es glückt, der kann damit rechnen, daß die Vergessenswahrscheinlichkeit für diesen inneren visualisierten Zusammenhang jetzt geringer geworden ist.

BOWER, ein amerikanischer Psychologe, hat anhand empirischer Untersuchungen gefunden, daß Sachverhalte ohne interne Visualisierung zu 30 bis 50% behalten wurden; Versuchspersonen mit interner Visualisierung behielten demgegenüber doppelt so viel, nämlich 50-80%. Der Gewinn lohnt eigentlich die Zusatzanstrengung.

Übung: Stellen Sie sich die Gaußverteilung vor, wie sie sich mit wachsendem μ
          nach rechts verschiebt.

-------------------------------- ▷ 37

69

$$R = R_1 + R_2 = 370\,\Omega, \ \ \sigma_{MR} = 1{,}42$$
$$R = \left(370 \pm 1{,}42\right)\Omega$$

Lösung gefunden -------------------------------- ▷ 71

Erläuterung oder Hilfe erwünscht -------------------------------- ▷ 70

Streuung: σ

Mittelwert: μ

....

Und jetzt beginnt die Fehlerrechnung   ------------------------------ ▷   5

Bei der internen Visualisierung aktivieren Sie das Vorstellungsvermögen und Ihre Kreativität.

Man kann sich viele Sachverhalte visualisieren:

Alle – aber wirklich alle – Kurven, bei denen sich EIN Parameter verändert.

Für Zusammenhänge in der Physik kann man sich Bilder machen. So stelle man sich bei Kräften Vektoren bildhaft vor.

Nach etwas Übung kann dies zu einer nützlichen Gewohnheit werden.

------------------------------ ▷   38

Rechengang: $R_1 = (150 \pm 0{,}9)\,\Omega$, $R_2 = (220 \pm 1{,}1)\,\Omega$ $R = R_1 + R_2 = 370\,\Omega$

Jetzt muß noch der Fehler des Mittelwerts berechnet werden. $\dfrac{\partial R}{\partial R_1} = 1$ $\dfrac{\partial R}{\partial R_2} = 1$

$$\sigma_{MR} = \sqrt{\left(\frac{\partial R}{\partial R_1}\right)^2 \cdot \sigma_{R_1} + \left(\frac{\partial R}{\partial R_1}\right)^2} = \sqrt{1 \cdot 0{,}9^2 + 1 \cdot 1{,}1^2}$$

$$= \sqrt{(0{,}81 + 1{,}21)\,\Omega^2} = \sqrt{2{,}02\,\Omega^2}$$

$$\sigma_{MR} = 1{,}4\,\Omega$$

Endergebnis: $R = (370 \pm 1{,}4)\,\Omega$

------------------------------ ▷   71

$\boxed{5}$

Aufgabe der Fehlerrechnung

Mittelwert und Varianz

Der Arbeitsabschnitt ist diesmal etwas länger. Teilen Sie sich die Arbeit selbst in zwei Phasen ein. Dazwischen können Sie eine kurze oder längere Pause machen. Der wichtigste Abschnitt ist der Abschnitt „Fehler des Mittelwerts" am Schluß. Diesen Begriff werden Sie in der Praxis oder im Labor oft benutzen. Der „Fehler des Mittelwertes" gibt an, wie zuverlässig ein Mittelwert von Meßdaten ist.

STUDIEREN SIE im Lehrbuch   12.1 Aufgabe der Fehlerrechnung
                                 12.2 Mittelwert und Varianz
                                      Lehrbuch Seite 269-276

BEARBEITEN SIE DANACH Lehrschritt   ------------------------------ ▷ 6

$\boxed{38}$

Oft hilft es, sich von Sachverhalten Bilder auf Papier zu skizzieren und diese erst dann intern zu visualisieren.

Begründung für die Wirksamkeit dieser Lerntechnik:

Gleiche Sachverhalte werden so in verschiedener Weise kodiert. Damit werden sie mehrfach im Gedächtnis eingespeichert. Darüber hinaus werden Sie zusammenhängend gespeichert.

Damit steigt die Assoziationswahrscheinlichkeit bei der späteren Reaktivierung der Gedächtnisinhalte.

------------------------------ ▷ 39

$\boxed{71}$

Neue Aufgabe: Die Seiten eines Quaders seien:

$$x = (22 \pm 0,1)\,\text{mm}$$
$$y = (16 \pm 0,8)\,\text{mm}$$
$$z = (10 \pm 0,8)\,\text{mm}$$

Wie groß ist das Volumen $V = x \cdot y \cdot z$ des Quaders und die Standardabweichung σ_M?

$$V = \ldots\ldots\ldots\ldots$$

$$\sigma_{MV} = \ldots\ldots\ldots\ldots$$

Endergebnis mit Fehlern angeben:

$$V = \ldots\ldots\ldots\ldots$$

------------------------------ ▷ 72

6

Die Länge eines Zimmers wird mit Hilfe von Bandmaßen bestimmt. Dabei können Zufallsfehler oder systematische Fehler entstehen.

a) Ein Bandmaß ist durch vielfachen Gebrauch gedehnt und hat eine wahre Länge von 100,4 cm statt 100 cm. Es entsteht ein .... Fehler.

b) Die Messung wird mit einem Stahlbandmaß von 1,00 m durchgeführt. Das Bandmaß muß jedoch mehrmals angelegt werden. Die Stoßstellen werden auf dem Fußboden mit Bleistiftstrichen markiert. Durch Anlegen entstehen .... fehler.

c) An der Wand wird das Bandmaß geknickt. Dadurch kann nicht gut abgelesen werden. Dadurch entstehen .... fehler.

------------------------------ ▷   7

39

Versuchen Sie die nächste Frage ohne Hilfe des Lehrbuches beantworten. Im Zweifel aber doch nachsehen.

Bei der Normalverteilung liegen in den Intervallen

$\mu \pm \sigma \cdot$ .... % aller Meßwerte

$\mu \pm 2\sigma$ .... % aller Meßwerte

$\mu \pm 3\sigma \cdot$ .... % aller Meßwerte

------------------------------ ▷   40

72

$V = 3520 \text{ mm}^3 \qquad \sigma_{MV} = 36,9 \text{ mm}^3 \qquad V = (3520 \pm 36,9) \text{ mm}^3$

Rechengang: $x = (22 \pm 0,1) \text{ mm}, \quad y = (16 \pm 0,08) \text{ mm}, \quad z = (10 \pm 0,08) \text{ mm}$

$$V = xyz = 3520 \text{ mm}^3$$

Berechnung von σ_{MV} :

$$\frac{\partial V}{\partial x} = \frac{\partial}{\partial x}(xyz) = yz = 16 \cdot 10 \text{ mm}^2 = 160 \text{ mm}^2$$

$$\frac{\partial V}{\partial y} = x \cdot z = 220 \text{ m}^2, \qquad \frac{\partial V}{\partial z} = x \cdot y = 352 \text{ mm}^2$$

$$\sigma_{MV} = \sqrt{160^2 \text{ mm}^4 \cdot 0,1^2 \text{ mm}^2 + 220^2 \text{ mm}^4 \cdot 0,08^2 \text{ mm}^2 + 352^2 \text{ mm}^4 \cdot 0,08^2 \text{ mm}^2}$$

$$= \sqrt{256 \text{ mm}^6 + 4,84 \cdot 64 \text{ mm}^6 + 12,39 \cdot 64 \text{ mm}^6}$$

$$= \sqrt{(256 + 310 + 793) \text{ mm}^6} = \sqrt{1359 \text{ mm}^6}$$

$\sigma_{MV} = 36,9 \text{ mm}^3$ Endergebnis: $V = (3520 \pm 36,9) \text{ mm}^3$ ---------------------- ▷   73

7

a) systematischer Fehler

b) Zufallsfehler

c) Zufallsfehler

....

Lösung gefunden ----------------------------------- ▷ 11

Erläuterung oder Hilfe erwünscht ----------------------------------- ▷ 8

40

68%

95%

99,7%

....

Im Intervall $\bar{x} \pm 2\sigma$, liegt der wahre Wert mit einer Wahrscheinlichkeit von

.... %

Das Intervall heißt:

.... intervall oder

.... intervall.

----------------------------------- ▷ 41

73

Regressionsgerade, Ausgleichskurve

Bisher wurde gezeigt, daß der Mittelwert einer Meßreihe zuverlässiger ist als die Einzelmessung. Für den Mittelwert nimmt die Summe der Abweichungsquadrate ein Minimum an. In diesem Abschnitt wird dieser Grundgedanke auf Meßkurven übertragen. An die Stelle des Mittelwertes tritt die Ausgleichskurve. Die Berechnung der Ausgleichskurve führen wir für den Fall durch, daß die Ausgleichskurve eine Gerade ist.

STUDIEREN SIE im Lehrbuch   12.7 Regressionsgerade , Ausgleichskurve

Lehrbuch Seite 280-283

BEARBEITEN SIE DANACH Lehrschritt ----------------------------------- ▷ 74

Machen wir uns noch einmal den Unterschied zwischen systematischen Fehlern und Zufallsfehlern klar!

Systematische Fehler entstehen durch unexakte Eichungen, Fehler der Meßgeräte oder fehlerhafte Meßverfahren. Beispiele: Wird der Durchmesser eines Gummischlauches mit Hilfe einer Schieblehre bestimmt, wird durch den Druck der Schieblehre der Schlauch immer deformiert und der Meßwert immer verfälscht. Ist ein Stoffmaßstab gedehnt, so fallen alle Meßergebnisse zu klein aus. *Systematische Fehler* verfälschen die einzelnen Messungen jeweils in eine einzige Richtung.

Das Charakteristikum von Zufallsfehlern ist demgegenüber, daß sie unkontrollierbaren statistischen Schwankungen unterworfen sind. Das Meßergebnis fällt einmal zu groß, ein anderes Mal zu klein aus.

------------------------------------ ▷ 9

95%,   Konfidenzintervall   Vertrauensintervall

Setzt man voraus, daß die Meßwerte um den Mittelwert gemäß einer Normalverteilung streuen, so läßt sich – allerdings nicht mit einfachen Mitteln – beweisen:

Auch die Mittelwerte von Meßreihen sind normal verteilt. Die Standardabweichung des Mittelwertes ist jedoch geringer. $\sigma_M = \frac{\sigma}{\sqrt{N}}$

Die Standardabweichung des Mittelwertes führt uns zur Bestimmung der Vertrauensintervalle. Der Durchmesser eines Drahtes sei gemessen:

$d = 0,1420 \text{ mm} \pm 0,0006 \text{ mm}$

Innerhalb welcher Grenzen liegt der wahre Durchmesser mit einer Wahrscheinlichkeit von 95%.

Obere Grenze: ....   Untere Grenze: ....   ---------------- ▷ 42

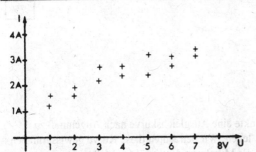

74

Die Abbildung zeigt Meßpunkte. An einer Glühlampe ist der Strom als Funktion der Spannung gemessen. Zeichnen Sie zunächst mit freier Hand und nach Augenmaß eine Ausgleichskurve.

------------------------------- ▷ 75

9

Geben Sie die Fehlerklassen an:

a) Ein Meßinstrument wird nicht senkrecht von vorn, sondern immer schräg von der Seite abgelesen. Da der Zeiger sich vor der Skala befindet, entsteht hier der sogenannte *Parallaxenfehler*: ....

b) Die Einteilung der Skala eines Amperemeters hat breite Striche. Daher muß die genaue Anzeige geschätzt werden. Verschiedene Personen kommen bei gleicher Zeigerstellung zu verschiedenen Ergebnissen: ....

c) Die Temperatur einer kleinen Flüssigkeitsmenge wird mit einem Quecksilber-thermometer gemessen. Das Thermometer nimmt Wärme von der Flüssigkeit auf. Flüssigkeitstemperatur sinkt: ....

d) Eine Waage ist nicht waagrecht aufgestellt: ....

e) Eine Waage kommt infolge der Beeinflussung durch Luftströmungen nicht immer an der gleichen Stelle zur Ruhe: ....

------------------------------ ▷ 10

42

Obere Grenze: 0,1432 mm

Untere Grenze: 0,1408 mm

Bei Schwierigkeiten im Lehrbuch Abschnitt 12.4.2, Seite 298 nachlesen.

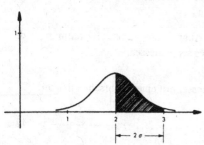

Bei einer Normalverteilung liegen im schraffierten Intervall rund .... % aller Meßwerte.

Aufpassen!

------------------------------ ▷ 43

75

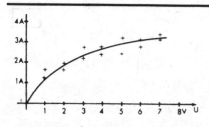

Es ist üblich, durch die Schar der Meßpunkte eine Ausgleichskurve nach Augenmaß zu legen. Wir betrachten diese Kurve gewissermaßen

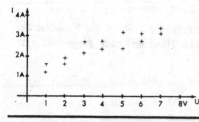

als Mittelwert der einzelnen Meßwerte.

Legen Sie jetzt nach Augenmaß eine Ausgleichs-gerade durch die Meßpunkte.

Eine Ausgleichsgerade heißt auch ....

------------------------------ ▷ 76

10

Parallaxenfehler, systematischer Fehler.

Schätzfehler bei grober Skala: Zufallsfehler.

Meßfehler bei Temperaturmessung durch Wärmeaufnahme des Thermometers:
Systematischer Fehler.

Schiefe Waage: Systematischer Fehler.

Meßfehler durch Luftbewegung: Zufallsfehler.

------------------------------ ▷ 11

43

47,5%. Erläuterung: Die Gaußverteilung ist symmetrisch bezüglich des Mittelwertes μ.
Da 95% aller Meßwerte im Bereich $[\mu - 2\sigma, \ \mu + 2\sigma]$ liegen, liegen im halben Intervall
– also im Bereich $[\ \mu + 2\sigma]$ – die Hälfte dieser Meßwerte.

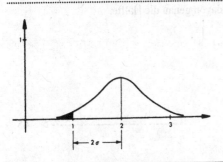

Wieviel Prozent der Meßwerte
liegen im schraffierten Intervall?

.... aller Meßwerte

------------------------------ ▷ 44

76

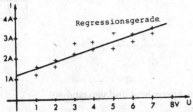

Hat man bereits Hypothesen über den Kurvenverlauf, nimmt man als Ausgleichskurve
Parabeln, E-Funktionen, logarithmische Funktionen.

Oft hat man jedoch noch keine bestimmte Vorstellung vom Charakter der Kurve oder
möchte eine Schar von Meßpunkten in einem bestimmten Intervall durch eine Gerade
annähern. Das ist schließlich der einfachste Kurventyp.

In diesen Fällen berechnet man die Gleichung der Ausgleichsgeraden mit Hilfe der
gegebenen Meßwerte. Anderer Name für Ausgleichsgerade: ....

------------------------------ ▷ 77

11

Das Volumen einer Silberkette mit Anhänger soll bestimmt werden. Wir benutzen ein Überlaufgefäß. Das Überlaufgefäß ist mit Wasser gefüllt. die Kette wird vollständig eingetaucht. Die verdrängte Wassermenge fließt über eine Rinne in einen Meßzylinder.

Der Versuch wird 10mal wiederholt. Wir erhalten eine Meßreihe.

Meßwerte:	$2,4$ cm^3	$2,6$ cm^3
	$2,7$ cm^3	$2,7$ cm^3
	$2,6$ cm^3	$2,6$ cm^3
	$2,5$ cm^3	$2,8$ cm^3
	$2,4$ cm^3	$2,7$ cm^3

Berechnen Sie als erstes den Mittelwert. Taschenrechner benutzen.

$\bar{x} = \ldots\ldots\ldots\ldots$

------------------------------ ▷   12

44

   2,5%

Erläuterung: 5% aller Meßwerte liegen außerhalb der doppelten Standardabweichung vom Mittelwert. Gefragt war hier nach dem Anteil der Meßwerte, die auf dem linken Flügel der Normalverteilung außerhalb 2 σ liegen. Das ist davon genau die Hälfte.

------------------------------ ▷   45

77

Regressionsgerade

Haben Sie das Beispiel auf Seite 284 im Lehrbuch nachgerechnet und verstanden?

   Ja   ------------------------------ ▷   85

   Nein   ------------------------------ ▷   78

12

Mittelwert: $\bar{x} = 2{,}6\ \text{cm}^3$

Für die Berechnung von Varianz und Standardabweichung bilden wir die Abweichungen der einzelnen Meßwerte vom Mittelwert sowie deren Quadrate. Ergänzen Sie die Tabelle:

Meßwerte	$(x - \bar{x})$	$(x - \bar{x})^2$
$2{,}4\ \text{cm}^3$		
$2{,}7\ \text{cm}^3$		
$2{,}6\ \text{cm}^3$		
$2{,}5\ \text{cm}^3$		
$2{,}4\ \text{cm}^3$		
$2{,}6\ \text{cm}^3$		
$2{,}7\ \text{cm}^3$		
$2{,}6\ \text{cm}^3$		
$2{,}8\ \text{cm}^3$		
$2{,}7\ \text{cm}^3$		

▷ 13

45

Gewogenes Mittel

STUDIEREN SIE im Lehrbuch   12.5 Gewogenes Mittel

Lehrbuch Seite 278 - 279

BEARBEITEN SIE DANACH Lehrschritt   ▷ 46

78

In jedem Fall ist es nützlich, ein kleines Beispiel schrittweise durchzurechnen. Folgende Strom- und Spannungswerte seien gemessen.

U	....	I	....
2 V		1,3 A	
3 V		1,7 A	
4 V		2,1 A	
5 V		2,4 A	
6 V		2,9 A	

Wir wollen die Funktionsgleichung der Regressionsgeraden berechnen. Erste Überlegung: Welche Produkte müssen berechnet und aufsummiert werden? Tragen Sie es oben in die Spalte ein. Hinweis: Überlegen Sie, welche Bedeutung U und welche Bedeutung I bei unserem Problem haben. Im Lehrbuch ist die Regressionsgerade für ein Koordinatenkreuz mit x-Achse und y-Achse berechnet.   ▷ 79

13

Meßwerte	$(x_i - \bar{x})$	$(x - \bar{x})^2$
2,4 cm^3	- 0,2 cm^3	0,04 cm^6
2,7 cm^3	0,1 cm^3	0,01 cm^6
2,6 cm^3	0,0 cm^3	0,00 cm^6
2,5 cm^3	- 0,1 cm^3	0,01 cm^6
2,4 cm^3	- 0,2 cm^3	0,04 cm^6
2,6 cm^3	0,0 cm^3	0,00 cm^6
2,7 cm^3	0,1 cm^3	0,01 cm^6
2,6 cm^3	0,0 cm^3	0,00 cm^6
2,8 cm^3	0,2 cm^3	0,04 cm^6
2,7 cm^3	0,1 cm^3	0,01 cm^6

Benutzen Sie diese Tabelle, um die Varianz der Stichprobe und die geschätzte Varianz der Grundgesamtheit zu berechnen.

Varianz der Stichprobe: $s^2 = $ ....

Schätzung der Varianz der Grundgesamtheit: $\sigma^2 = $ ....   -------------- ▷ 14

46

Der elektrische Widerstand einer Spule sei von zwei Personen unabhängig voneinander bestimmt.

$R_1 = (10 \pm 1)\ \Omega$

$R_2 = (10,5 \pm 0,5)\ \Omega$

Fassen Sie beide Messungen zusammen und geben Sie die beste Schätzung für den Widerstand an.

Lösung gefunden   -------------------------------- ▷ 50

Erläuterung oder Hilfe erwünscht   -------------------------------- ▷ 47

79

U_i	U_i^2	I_i	$U \cdot I_i$
2 V		1,3 A	
3 V		1,7 A	
4 V		2,1 A	
5 V		2,4 A	
6 V		2,9 A	
$\sum$			

Bilden Sie jetzt die Produkte und Quadrate und berechnen Sie die Summen.

-------------------------------- ▷   80

14

$$s^2 = \frac{0{,}16}{10}\,\text{cm}^6 = 0{,}016\,\text{cm}^6$$
$$\sigma^2 = \frac{0{,}16}{9}\,\text{cm}^6 = 0{,}018\,\text{cm}^6$$

....

Berechnen Sie schließlich die beste Schätzung der Standardabweichung der Meßwerte.

$$\sigma = \ldots\ldots\ldots\ldots\ldots$$

Hinweis: Notfalls schätzen Sie die Wurzel, es kommt hier vor allem auf die
Größenordnung an.

-------------------------------- ▷ 15

47

Gegeben sind zwei Messungen

$$R_1 = (10 \pm 1)\,\Omega$$

$$R_2 = (10{,}5 \pm 0{,}5)\,\Omega$$

Wir können beide Messungen zusammenfassen, müssen aber berücksichtigen, daß die
zweite Messung genauer ist. Wir gewichten die Messungen. Die Gewichte sind:

$$g_1 = \ldots\ldots\ldots\ldots\ldots$$

$$g_2 = \ldots\ldots\ldots\ldots\ldots$$

-------------------------------- ▷ 48

80

U_i	U_i^2	I_i	$U_i \cdot I_i$
2 V	4 V^2	1,3 A	2,6 VA
3 V	9 V^2	1,7 A	5,1 VA
4 V	16 V^2	2,1 A	8,4 VA
5 V	25 V^2	2,4 A	12,0 VA
6 V	36 V^2	2,9 A	17,4 VA
$\sum$ 20 V	90 V^2	10,4 A	45,5 VA

Jetzt können wir die Mittelwerte von Spannung und Strom ausrechnen:

$$\bar{U} = \ldots\ldots\ldots\ldots \qquad\qquad \bar{I} = \ldots\ldots\ldots\ldots$$ -------------------------------- ▷ 81

$\sigma = 0,13 cm^3$

....

Versuchen Sie die Bedeutung der Standardabweichung jetzt mit eigenen Worten in Stichworten darzustellen.

....

....

....

....

-------------------------------- ▷   16

$g_1 = 1$ Hinweis: Das Gewicht wird bestimmt durch $g_i = \dfrac{1}{\sigma_M^2}$

$g_2 = 4$

....

Für den gewichteten Mittelwert gilt der allgemeine Ausdruck

$\bar{x} = \ldots\ldots\ldots\ldots$

In unserem Fall

$\bar{R} = \ldots\ldots\ldots\ldots$

Lösung gefunden   -------------------------------- ▷   50

Erläuterung oder Hilfe erwünscht   -------------------------------- ▷   49

$\bar{U} = 4$ entspricht $\bar{x}$ $\bar{I} = 2,08$ entspricht $\bar{y}$

Hier noch einmal die Tabelle

U_i	U_i^2	I_i	$U_i \cdot I_i$
2 V	4 V^2	1,3 A	2,6 VA
3 V	9 V^2	1,7 A	5,1 VA
4 V	16 V^2	2,1 A	8,4 VA
5 V	25 V^2	2,4 A	12,0 VA
6 V	36 V^2	2,9 A	17,4 VA
$\sum$ 20 V	90 V^2	10,4 A	45,5 VA

Wir setzen jetzt die erhaltenen Summen ein in die Formel $a = \dfrac{\sum x_i y_i - N \cdot \overline{xy}}{\sum x_i^2 - N \cdot \bar{x}^2}$

$a = \ldots\ldots\ldots\ldots$

-------------------------------- ▷   82

16

Sinngemäß könnte Ihre Darstellung so lauten: Die Meßwerte streuen um den Mittelwert. Dabei haben 68% der Meßwerte eine geringere Abweichung vom Mittelwert als $\pm\sigma$.

Etwa 32% der Meßwerte haben eine größere Abweichung vom Mittelwert als $\pm\sigma$.

Diese Zahlenangaben gelten für Zufallsfehler, die normal verteilt sind. Dies wird im Abschnitt 12.7 weiter ausgeführt.

Die Berechnung von Mittelwert und Standardabweichung ist eine Routineaufgabe bei der Durchführung von Messungen. Aufpassen muß man bei den Einheiten. Es empfiehlt sich im übrigen, dabei immer das gleiche Rechenschema zu benutzen.

------------------------------- ▷ 17

49

Es war $R_1 = (10 \pm 1)\,\Omega$

$R_2 = (10{,}5 \pm 0{,}5)\,\Omega$

Die Gewichte waren $g_1 = 1$ und $g_2 = 4$. Die Formel für den gewichteten Mittelwert war:

$$\bar{x} = \frac{g_1 \bar{x}_1 + g_2 \bar{x}_2}{g_1 + g_2}$$

Wir müssen nur einsetzen und erhalten

$$\bar{R} = \frac{10 \cdot 1 + 10{,}5 \cdot 4}{1 + 4} = \ldots\ldots\ldots\ldots$$

------------------------------- ▷ 50

82

$$a = 0{,}39\,\frac{A}{V} \qquad\qquad b = 0{,}52\,A$$

Alles klar   ------------------------------- ▷ 84

Noch eine Erläuterung erwünscht   ------------------------------- ▷ 83

17

Der Durchmesser eine Drahtes werde 5mal bestimmt. Man erhält folgende Werte:

d_i in mm	$(d_i - \bar{d})$ in mm	$(d_i - \bar{d})^2$ in mm^2
$4 \cdot 10^{-2}$		
$3 \cdot 10^{-2}$		
$4 \cdot 10^{-2}$		
$5 \cdot 10^{-2}$		
$6 \cdot 10^{-2}$		

Berechnen Sie den Mittelwert des Durchmessers und die Schätzung der Standardabweichung der Meßwerte. $\bar{d} = \dots\dots\dots$ $\sigma = \dots\dots\dots$

------------------------------- ▷ 18

50

$\bar{R} = 10{,}4\ \Omega$ Hinweis: Das Ergebnis wird stärker durch die genauere Messung
                             bestimmt, aber die ungenauere wird auch gewertet.

Jetzt nehmen wir an, drei Meßreihen liegen vor mit den Ergebnissen:

$R_1 = (10 \pm 1)\ \Omega$

$R_2 = (10{,}5 \pm 0{,}5)\ \Omega$

$R_3 = (10{,}3 \pm 0{,}2)\ \Omega$

Bestimmen Sie wieder zuerst die Gewichte

$g_1 = \dots\dots\dots$

$g_2 = \dots\dots\dots$

$g_3 = \dots\dots\dots$

------------------------------- ▷ 51

83

Bei diesen Zahlenrechnungen muß man die Scheu vor Zahlen überwinden und manchmal über seinen eigenen Schatten springen.

Beim Übergang zum Rechnen mit physikalischen Größen kann leicht Verwirrung durch die Einheiten entstehen. In diesem Fall empfiehlt es sich, in der ganzen Rechnung U durch x zu ersetzen und I durch y.

Am Schluß der Rechnung muß man dann rücksubstituieren.

Die Substitution in die vertraute – oder zumindest halbwegs vertraute – Notation der Mathematik hilft, die Übersicht bei der Rechnung zu erhalten.

------------------------------- ▷ 84

18

$d = 4{,}4 \cdot 10^{-2}$ mm $\sigma = 1{,}14 \cdot 10^{-2}$ mm

Hinweis: Hier folgt der Rechengang. Überschlagen Sie ihn, wenn Sie richtig rechneten.

d_i in mm	$(d_i - \bar{d})$ in mm	$(d_i - \bar{d})^2$ in mm^2
$4 \cdot 10^{-2}$	$-0{,}4 \cdot 10^{-2}$	$0{,}16 \cdot 10^{-4}$
$3 \cdot 10^{-2}$	$-1{,}4 \cdot 10^{-2}$	$1{,}96 \cdot 10^{-4}$
$4 \cdot 10^{-2}$	$-0{,}4 \cdot 10^{-2}$	$0{,}16 \cdot 10^{-4}$
$5 \cdot 10^{-2}$	$0{,}6 \cdot 10^{-2}$	$0{,}36 \cdot 10^{-4}$
$6 \cdot 10^{-2}$	$1{,}6 \cdot 10^{-2}$	$2{,}56 \cdot 10^{-4}$
$22 \cdot 10^{-2}$	0	$5{,}20 \cdot 10^{-4}$

$\bar{d} = \frac{22 \cdot 10^{-2}\,\text{mm}}{5} = \underline{4{,}4 \cdot 10^{-2}\,\text{mm}}$

$\sigma^2 = \frac{1}{(5-1)} \cdot 5{,}20 \cdot 10^{-4} = \underline{1{,}30 \cdot 10^{-4}\,\text{mm}^2}$ $\underline{\sigma = 1{,}14 \cdot 10^{-2}\,\text{mm}}$ -------- ▷   19

51

$g_1 = 1$ $g_2 = 4$ $g_3 = 25$

Die Rechnung folgte dem vorigen Beispiel. Im Zweifel zurückblättern und erneut nachlesen.

Gegeben war: $R_1 = (10 \pm 1)\,\Omega$ $R_2 = (10{,}5 \pm 0{,}5)\,\Omega$ $R_3 = (10{,}3 \pm 0{,}2)\,\Omega$

Jetzt setzen Sie ein in die Formel für den gewichteten Mittelwert: R = ...

---------------------------------- ▷   52

84

Hier sind noch einmal die Meßpunkte eingetragen. Versuchen Sie zunächst die Ausgleichsgerade nach Augenmaß zu zeichnen.

Zeichnen Sie dann die Ausgleichsgerade aufgrund der Gleichung $I = 0{,}39 \frac{A}{V} \cdot U + 0{,}52\ A$

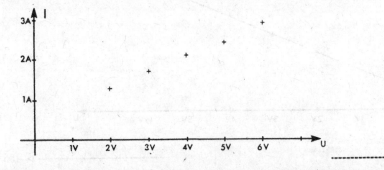

----------------- ▷   85

19

Falls Sie Schwierigkeiten hatten, ist es angebracht, noch einmal im Lehrbuch den Abschnitt 12.2 (Seite 270-276) zu lesen und dabei das Beispiel zu rechnen. Hier halten wir nur fest:

1. Die Meßreihe ist eine Stichprobe aller möglichen Meßwerte.

2. Die Meßreihe hat einen Mittelwert, eine Varianz und eine Standardabweichung.

3. Die Grundgesamtheit aller möglichen Meßwerte hat ebenfalls einen Mittelwert, eine Varianz und eine Standardabweichung. Wir schätzen diese aufgrund der Werte der Stichprobe. Die geschätzten Werte sind größer als die Werte der Stichprobe.

-------------------------------- ▷ 20

52

$$R = (10{,}32 \pm 0{,}2)\,\Omega$$

Beim letzten Beispiel wurde deutlich, daß das Ergebnis fast vollständig durch die genauere Messung bestimmt wird. Gewogene Mittel zu bilden ist vor allem dann vorteilhaft, wenn Messungen mit ähnlicher Genauigkeit zusammengefaßt werden.

-------------------------------- ▷ 53

85

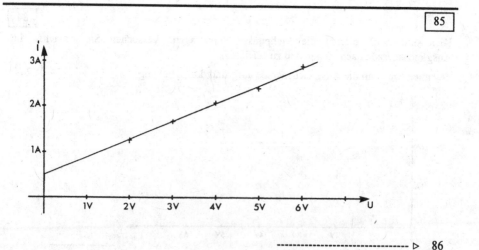

-------------------------------- ▷ 86

20

Die ganzen, vielleicht mühselig erscheinenden, Überlegungen hatten das Ziel,
den *mittleren Fehler des Mittelwertes* zu bestimmen.

Andere Bezeichnungen dafür sind

. . . .

. . . .

Diese Bezeichnungen sollten uns deshalb geläufig sein, weil sie häufig gleichbedeutend,
also synonym, gebraucht werden.

Der mittlere Fehler des Mittelwertes einer Meßreihe ist umso geringer, je größer die Zahl
der Messungen N ist.

Es gilt die Beziehung

$$\sigma_M = \text{. . . . .}$$

------------------------------- ▷   21

53

Fehlerfortpflanzungsgesetz

Im Abschnitt 12.6 über Fehlerfortpflanzung wird ein Begriff benutzt, der erst im zweiten
Band des Lehrbuches im Kapitel 14 „Partielle Ableitung".erläutert wird. Aus diesem Grund
sollten Sie diesen Abschnitt erst dann studieren, wenn Ihnen partielle Ableitungen bekannt
sind. Den Sachverhalte selbst allerdings können Sie qualitativ jetzt schon verstehen. Er ist
wichtig und wird hier in den folgenden Lehrschritten erläutert.

------------------------------- ▷   54

86

In der Praxis berechnet man Regressionsgeraden ebenso wie Mittelwerte und
Standardabweichungen des Mittelwertes mit Hilfe von Taschenrechnern oder mit dem PC.
Dafür gibt es in allen Fälle Statistikprogramme. Wichtig ist es für Sie, ein einziges Mal die
Rechnung „per Hand" durchgeführt zu haben, um zu sehen, was der Rechner eigentlich
macht.

------------------------------- ▷   87

21

Standardabweichung des Mittelwertes
Stichprobenfehler des Mittelwertes
Mittlerer Fehler des Mittelwertes

$$\sigma_M = \frac{\sigma}{\sqrt{N}}$$

....

Rechnen Sie hier noch einmal selbständig das Beispiel, das schon im Lehrbuch behandelt wurde. Gegeben sei eine Meßreihe von 11 Messungen (Dicke eines Drahtes).

Mittelwert $\bar{x} = 0{,}142$ mm

Schätzung der Varianz $\sigma^2 = 0{,}046 \cdot 10^{-4}$ mm^2

Gesucht: Stichprobenwert des Mittelwertes

$$\sigma_M = \ldots\ldots\ldots\ldots$$

----------------------------------- ▷ 22

54

Wir gehen von einer einfachen Fragestellung aus. Das Gewicht einer sehr großen Steinkugel soll bestimmt werden.

Gegeben seien folgende Meßwerte mit ihren Fehlern.

Radius $R = (1 \pm 0{,}1)\,$dm   (1 dm = 0,1 m)

Dichte $\rho = (2 \pm 0{,}2)\,\dfrac{\text{kg}}{(\text{dm})^3}$ Volumen $= V = \dfrac{4\pi R^3}{3}$

Masse $M = V \cdot \rho$

Wie groß wird der Fehler bei der Angabe der Masse sein?

Die Fehler betragen jeweils .... % der Werte.

----------------------------------- ▷ 55

87

Korrelation und Korrelationskoeffizient

Mit den Begriffen „Korrelation" und „Korrelationskoeffizient" wird die „Stärke" des Zusammenhangs zwischen zwei Größen bestimmt, die nicht in einem eindeutigen Zusammenhang stehen, die aber auch nicht unabhängig voneinander sind. Mitrechnen und Umformungen kontrollieren!

STUDIEREN SIE im Lehrbuch   12.7.2 Korrelation und Korrelationskoeffizient
Lehrbuch Seite 284 - 286

Hinweis: In der 10. Auflage des Lehrbuches ist ein Fehler. Die Formel auf Seite 284 muß

lauten: $r^2 = \dfrac{\left(\sum x_i y_i - N\,\overline{xy}\right)^2}{\sum\left(x_i^2 - N\bar{x}^2\right)\sum\left(y_i^2 - N\bar{y}^2\right)}$

BEARBEITEN SIE DANACH Lehrschritt   ----------------------------------- ▷ 88

22

$$\sigma_M = \frac{\sigma}{\sqrt{N}} = \sqrt{\frac{0{,}046 \cdot 10^{-4}\,\text{mm}^2}{11}} = 0{,}0006 \text{ mm}$$

Es ist sicher etwas mühselig, derartige Rechnungen durchzuführen. Hier hilft der Taschenrechner, der meist ein Statistikprogramm besitzt, mit dem alles viel leichter geht. Jetzt wäre es an der Zeit, die Rechnungen parallel mit dem Statistikprogramm Ihres Taschenrechners durchzuführen.

Als Ergebnis einer Meßreihe gibt man in der Praxis den Mittelwert und den Stichprobenfehler des Mittelwertes in der folgenden Form an:

Drahtdicke: $d = \mu \pm \sigma_M$

$d = \ldots\ldots\ldots\ldots\ldots$

------------------------------------ ▷ 23

55

10%   Hinweis: Der Radius war R = 1 dm. Der Fehler betrug 0,1 dm = 1 cm
                      Damit beträgt der Fehler 10% des Radius.

Relativer Fehler ist der Fehler bezogen auf den Wert. Relative Fehler werden meist in Prozent angegeben. Hier beträgt der relative Fehler in beiden Fällen 10%. Die Masse hängt von zwei Werten ab, dem Radius und der Dichte. Beide Werte sind fehlerhaft.

Wie wirken sich die Fehler auf den Fehler des Gewichtes aus?

Beide Fehler wirken sich gleich aus ------------------------------- ▷ 56

Der Fehler im Wert des Radius wirkt sich stärker aus ------------------------- ▷ 57

Der Fehler im Wert der Dichte wirkt sich stärker aus ------------------------- ▷ 58

88

Korrelationsrechnungen führt man mit dem Taschenrechner oder mit dem PC mit Hilfe von Statistikprogrammen aus. Dann braucht man nur die Ausgangsdaten einzugeben. Sonst sind sie sehr zeitaufwendig. Allerdings ist es notwendig, sich mit dem jeweiligen Statistikprogramm vertraut zu machen. Zur Übung empfiehlt es sich, die Daten der Abbildungen auf der Seite 285 im Lehrbuch abzuschreiben und die angegebenen Korrelationen zu überprüfen.

------------------------------- ▷ 89

23

$d = (0{,}142 \pm 0{,}0006)\,\text{mm}$

Der Stichprobenfehler des Mittelwertes sollte abgerundet werden.

Begründung: Der Stichprobenfehler des Mittelwertes ist das Ergebnis einer Abschätzung. Die Angabe zu vieler Stellen ist daher sinnlos.

Oft ist der Mittelwert noch zu ungenau. Wenn man den Stichprobenfehler des Mittelwertes halbieren will, muß man die Zahl der Messungen erhöhen und zwar um das .... fache.

-------------------------------- ▷ 24

56

Leider nicht richtig. Genau um dieses Problem geht es bei der Fehlerfortpflanzung. Bedenken Sie, daß die Masse gegeben ist durch

$$M = \tfrac{4\pi}{3}\,R^3 \cdot \rho$$

Fehlerbehaftet sind R und ρ.

Falls sich ρ um 10% vergrößert, vergrößert sich M um 10%. Falls sich R um 10% vergrößert, vergrößert sich R^3 um .... %. Denken Sie an das Kapitel Potenzreihen, Abschnitt 7.6.1 Polynome als Näherungsfunktionen.

-------------------------------- ▷ 59

89

Im Lehrbuch sind die allgemeinen Formeln für die Berechnung von Korrelation r^2 und Korrelationskoeffizient r angegeben. Abgeleitet wurde dort zum Schluß r^2 für den Sonderfall, daß die Daten im Schwerpunktsystem gegeben sind. Diese Ableitung erpart sehr viel Rechenaufwand und ist wesentlich leichter nachvollziehbar.

Wer diese Ableitung nachgerechnet hat, hat das Entscheidende verstanden. Mancher mag dann das Bedürfnis verspüren, noch die allgemeine Formel aus dem abgeleiteten Ausdruck zu gewinnen. Dafür ist hier die Umformung angegeben.

Möchte die Umrechnung kennenlernen -------------------------------- ▷ 90

Möchte auf die Umrechnung verzichten -------------------------------- ▷ 95

24

Vierfache

....

Rechnen wir noch die Standardabweichung des Mittelwertes für die Messung der Silberkette mit dem Überlaufgefäß. Zahl der Messungen N = 10.

Das Volumen der Kette hatten wir bestimmt zu $V = 2{,}60\ \text{cm}^3$

Standardabweichung der Einzelmessungen: $\sigma = 0{,}13\ \text{cm}^3$

Standardabweichung des Mittelwertes: $\sigma_M = \ldots\ldots\ldots\ldots$

Wir geben das Ergebnis vollständig an: $V = \ldots\ldots\ldots\ldots$

--- ▷ 25

57

Vollkommen richtig.

Die Masse ist $M = \frac{4\pi}{3} R^3 \cdot \rho$

Falls sich ρ um 10% verändert, verändert sich die Masse um 10%.

Falls sich R um 10% verändert, verändert sich die Masse um .... % .

SPRINGEN SIE AUF   -------------------------------- ▷ 59

90

Die ursprünglichen Variablen seien x_i und y_i.

Im Schwerpunktsystem haben wir die Variablen $\hat{x}_i = x_i - \bar{x}$ und $\hat{y}_i = y_i - \bar{y}$

Im Schwerpunktsystem sind die Mittelwerte $\bar{x} = \ldots\ldots\ldots$ und $\bar{y} = \ldots\ldots\ldots$

-------------------------------- ▷ 91

25

$\sigma_M = 0,04$ cm^3

$V = (2,60 \pm 0,04)$ cm^3

Wir können erwarten, daß der wahre Wert mit einer Wahrscheinlichkeit von 68% zwischen 2,56 cm^3 und 2,64 cm^3 liegt.

Das bedeutet, daß mit einer Wahrscheinlichkeit von 32% der wahre Wert außerhalb dieses Intervalls liegen kann. Diese Unsicherheit ist oft zu groß.

Wieviele Messungen müßte man durchführen, wenn die Standardabweichung des Mittelwertes auf 0,02 cm^3 gesenkt werden soll?

N = ...

----------------------------- ▷ 26

58

Leider nicht richtig. Genau um dieses Problem geht es bei der Fehlerfortpflanzung. Bedenken Sie, daß die Masse gegeben ist durch

$M = \frac{4\pi}{3} R^3 \cdot \rho$

Fehlerbehaftet sind R und ρ.

Falls sich ρ um 10% vergrößert, vergrößert sich M um 10%. Falls sich R um 10% vergrößert, vergrößert sich R^3 um .... %. Denken Sie an das Kapitel Potenzreihen, Abschnitt 7.6.1 Polynome als Näherungsfunktionen.

----------------------------- ▷ 59

91

$\bar{x} = 0 \quad \bar{y} = 0$

Für das Schwerpunktsystem ist die Korrelation (Lehrbuch, Seite 287):

$$r^2 = \frac{\left(\sum \hat{x}_i \cdot \hat{y}_i\right)^2}{\sum \hat{x}_i^2 \cdot \sum \hat{y}_i^2}$$

Schwerpunktsystem ($\hat{x}_i$, $\hat{y}_1$) und ursprüngliches System ($x_i\, y_i$) sind verknüpft durch die Transformationsgleichungen

$\hat{x}_i = x_i - \bar{x}$

$\hat{y}_i = x_i - \bar{x}$ Setzen Sie ein und berechnen Sie r^2 im ursprünglichen System $r^2 = $ ....

Lösung gefunden   ----------------------------- ▷ 94

Erläuterung oder Hilfe erwünscht   ----------------------------- ▷ 92

40

....

Wir können die Genauigkeit der Schätzung des wahren Wertes erhöhen, wenn wir die Anzahl der Einzelmessungen vergrößern.

Gegeben seien N Einzelmessungen. Wie groß müßte bei sonst gleichen Bedingungen die Zahl der Messungen sein, damit die Standardabweichung des Mittelwertes reduziert wird auf:

      a) die Hälfte $N_a = \ldots\ldots\ldots\ldots$

      b) ein Drittel $N_b = \ldots\ldots\ldots\ldots$

      c) ein Zehntel $N_c = \ldots\ldots\ldots\ldots$

-------------------------------- ▷ 27

30%

Erläuterung: Im Kapitel „Potenzreihenentwicklung" wurde folgende Näherung behandelt:

$$y = (x + \Delta x)^3 = x^3 (1 + \tfrac{\Delta x}{x})^3$$

Nun sei $\dfrac{\Delta x}{x} = 10\%$

$$y = x^3 (1 + 0{,}1)^3 \approx x^3 (1 + 3 \cdot 0{,}1) = x^3 (1 + 0{,}3)$$

Wenn x um 10% zunimmt, nimmt x^3 näherungsweise um 30% zu. Daraus lernen wir, daß sich ein Fehler umso stärker auswirkt, je höher die Potenz ist, mit der diese Größe in dem Rechenausdruck steht.

Allgemeiner ausgedrückt: Ein Fehler einer Größe wirkt sich umso stärker aus, je empfindlicher der Rechenausdruck von dieser Größe abhängt.

-------------------------------- ▷ 60

92

Es war $r^2 = \dfrac{\left(\sum \hat{x}_i \cdot \hat{y}_i\right)^2}{\sum \hat{x}_i^{\,2} \cdot \sum \hat{y}_i^{\,2}}$

Wir setzen ein $\hat{x}_i = x_i - \bar{x}$ $\hat{y}_i = y_i - \bar{y}$

$$r^2 = \dfrac{\left(\sum (x_i - \bar{x})(y_i - \bar{y})\right)^2}{\sum (x_i - \bar{x})^2 \cdot \sum (y_i - \bar{y})^2}$$

Rechnen Sie jetzt die Klammern geduldig aus

$$r^2 = \ldots\ldots\ldots\ldots$$

-------------------------------- ▷ 93

27

$$N_a = 4 \cdot N$$
$$N_b = 9 \cdot N$$
$$N_c = 100 \cdot N$$

Lösung gefunden ---------------------------------- ▷ 31

Erläuterung oder Hilfe erwünscht ---------------------------------- ▷ 28

60

Das Fehlerfortpflanzungsgesetz sagt weiter – etwas vereinfacht: Wenn ein Wert aus mehreren Einzelwerten berechnet wird, ist die Güte des Endergebnisses durch die Güte der Einzelwerte bestimmt. Der am schlechtesten bestimmte Einzelwert begrenzt die Güte des Endergebnisses. Salopp ausgedrückt:

Ein Konvoi fährt niemals schneller als das langsamste Schiff.

---------------------------------- ▷ 61

93

$$r^2 = \frac{\left(\sum \left(x_i y_i - x_i \bar{y} - \bar{x} y_i + \overline{xy} \right) \right)^2}{\sum \left(x_i^2 - 2x_i \bar{x} + \bar{x}^2 \right) \sum \left(y_i^2 - 2y_i \bar{y} + \bar{y}^2 \right)}$$

Wir können vereinfachen, wenn wir beachten, daß $\sum x_i = N \cdot \bar{x}$ und $\sum y_i = N\bar{y}$.
Vereinfachen Sie

$$r^2 = \ldots\ldots\ldots\ldots$$

---------------------------------- ▷ 94

Ausgangspunkt der Überlegung war eine bestimmte Meßreihe. Sie enthält 10 Messungen. Daraus ergab sich die Standardabweichung des Mittelwertes.

Jetzt fragen wir uns, wieviele Messungen müssen wir durchführen, damit die Standardabweichung halbiert wird.

Die Antwort ist in folgender Formel enthalten:

$$\sigma_M = \frac{\sigma}{\sqrt{N}}$$

Vergrößern wir N, wird σ_M kleiner. Wollen wir den Nenner verdoppeln, muß N viermal so groß werden. Wollen wir den Nenner verdreifachen, muß N .... so groß werden.

-------------------------------- ▷   29

Jetzt kennen Sie die Aussage des Fehlerfortpflanzungsgesetzes. Das ist das wichtigste für die Praxis. Die Formel in Abschnitt 10.6, Seite 279 im Lehrbuch werden Sie erst benutzen können, wenn Sie das Kapitel „Partielle Ableitungen" bearbeitet haben.

Danach aber sollten Sie zu diesem Abschnitt des Leitprogramms zurückkehren und die Lehrschritte ab 62 bearbeiten. -------------------------------- ▷   62

Im Moment SPRINGEN SIE VOR auf -------------------------------- ▷   73

$$r^2 = \frac{(\sum x_i y_i - N\overline{xy} - N\overline{xy} + N\overline{xy})^2}{(\sum x_1^2 - N\overline{x}^2)(\sum y_i^2 - N\overline{y}^2)}$$

Dies ergibt, etwas weiter vereinfacht, das endgültige Ergebnis:

$$r^2 = \frac{(\sum x_i y_i - N\overline{xy})^2}{(\sum x_1^2 - N\overline{x}^2)(\sum y_i^2 - N\overline{y}^2)}$$

Hinweis: In der 10. Auflage des Lehrbuches ist in der Formel eine Klammer verrutscht. Das hier angegebene Ergebnis ist richtig!

-------------------------------- ▷   95

29

Neunmal

....

Eine Erhöhung der Zahl der Messungen reduziert die Standardabweichung des Mittelwertes. Das bedeutet, daß dann die Abweichung zwischen dem Mittelwert und dem „wahren Wert" wahrscheinlich geringer ist.

Wieviele Messungen wären nötig, um den Stichprobenfehler des Mittelwertes von $0,04$ cm^3 auf $0,01$ cm^3 herabzudrücken.

Ursprünglich hatten wir $N = 10$ Messungen.

Nun brauchen wir $N = \ldots\ldots\ldots\ldots$ Messungen.

------------------------------- ▷ 30

62

Sie kennen inzwischen den Begriff der partiellen Ableitung.

STUDIEREN SIE im Lehrbuch   12.6   Fehlerfortpflanzungsgesetz
                                         Lehrbuch, Seite 279-280

BEARBEITEN SIE DANACH Lehrschritt   ------------------------------- ▷ 63

95

1. Mit Hilfe der Fehlerrechnung kann man die Größe von $\ldots\ldots\ldots\ldots$ -Fehlern abschätzen.

2. Die Maßgröße für die Streuung der Einzelmeßwerte um den Mittelwert heißt: $\ldots\ldots\ldots$

3. Die Wurzel aus der Varianz ist ebenfalls ein Maß für die Streuung. Sie heißt: $\ldots\ldots\ldots$

4. Mittelwerte streuen weniger als Einzelwerte. Mittelwerte sind zuverlässiger. Die Standardabweichung des Mittelwertes aus N Einzelwerten ist $\ldots\ldots\ldots\ldots$

------------------------------- ▷ 96

160

....

In der Praxis ist es oft die billigste und einfachste Lösung, Messungen zu wiederholen, um die Genauigkeit eines Mittelwertes zu erhöhen.

Voraussetzung ist allerdings, daß systematische Fehler ausgeschlossen sind.

-------------------------------- ▷ 31

Zwei elektrische Widerstände R_1 und R_2, die jeweils mehrmals gemessen wurden, haben die Werte:

$$R_1 = (150 \pm 0.9)\ \Omega$$
$$R_2 = (220 \pm 1.1)\ \Omega$$

a) Wie groß ist der Gesamtwiderstand R bei Parallelschaltung von R_1 und R_2.

b) Wie groß ist der mittlere Fehler (Standardabweichung) von R?

Zunächst berechnen wir den Gesamtwiderstand R der Parallelschaltung. Hier gilt die Formel:

$$\frac{1}{R} = \frac{1}{R_1} + \frac{1}{R_2} \qquad \text{oder} \qquad \frac{1}{R} = \frac{R_1 R_2}{R_1 + R_2}$$

$$R = \ldots\ldots\ldots\ldots\ldots$$

-------------------------------- ▷ 64

Zufallsfehler

Varianz

Standardabweichung

Standardabweichung des Mittelwertes $\sigma_N = \dfrac{\sigma}{\sqrt{N}}$

Ein Wert werde aus verschiedenen Werten berechnet. Die verschiedenen Werte haben auch verschiedene Meßfehler. Dann ergibt sich der Fehler des zusammengesetzten Wertes durch das ....

Das Prinzip der Methode der kleinsten Quadrate führt uns zu einem vertieften Verständnis von Ausgleichskurven. Berechnet wurde der einfachste Fall der Ausgleichsgeraden. Sie heißt in der Literatur oft ....

-------------------------------- ▷ 97

31

Mittelwert und Varianz kontinuierlicher Verteilungen

Normalverteilung

Im Abschnitt 12.3 werden die anhand diskreter Meßwerte gebildeten Begriffe „Mittelwert" und „Varianz" auf kontinuierliche Verteilungen übertragen.

Der Abschnitt 12.4 schließt an die Überlegungen in Kapitel 11 an, in der die Normalverteilung als Grenzverteilung der Binomialverteilung dargestellt wurde.

STUDIEREN SIE im Lehrbuch   12.3   Mittelwert und Varianz bei kontinuierlichen
                                      Verteilungen
                               12.4   Normalverteilung
                                      Lehrbuch, Seite 275 - 278

BEARBEITEN SIE DANACH Lehrschritt   -------------------------------- ▷   32

64

$R = 89,19\ \Omega$

Jetzt bestimmen wir nach dem Fehlerfortpflanzungsgesetz den mittleren Fehler. Wir gehen aus von dem Ausdruck für den Gesamtwiderstand R

$$R = \frac{R_1 R_2}{R_1 + R_2}$$

Dies entspricht auf S.191 des Lehrbuches dem Ausdruck $g = f(x,y)$. Dann berechnen wir

$$\sigma_{MR} = \dots\dots\dots$$

Falls Schwierigkeiten oder wenn Hilfe erwünscht   -------------------------------- ▷   65

Kann Aufgabe lösen   -------------------------------- ▷ *68

* Lehrschritt 68 steht auf dem **unteren Drittel der Seite**.

BLÄTTERN SIE ZURÜCK. Sie finden Lehrschritt 68 unterhalb der Lehrschritte 2 und 35.

97

Fehlerfortpflanzungsgesetz

Regressionsgerade

-------------------------------- ▷   98

32

Die Beurteilung der Genauigkeit einer Meßreihe und des aus ihr gewonnen Mittelwertes mit Hilfe der Fehlerrechnung beruht auf der Annahme, daß die Meßwerte um den Mittelwert wie eine Normalverteilung streuen.

Diese Annahme scheint zunächst sehr willkürlich.

Dennoch wird diese Annahme durch die Beobachtung bestätigt.

Macht man eine sehr große Zahl von Messungen unter sonst gleichen Bedingungen und trägt man die Meßergebnise graphisch auf, so erhält man durchweg Verteilungen, die einer Gauß'schen Glockenkurve entsprechen.

------------------------------ ▷ 33

65

Der Widerstand R entspricht im Lehrbuch der Größe g. Der Widerstand R_1 entspricht x, der Widerstand R_1 entspricht y.

Die einander entsprechenden Funktionsgleichungen sind:

$$g = f(x,y) = \frac{x \cdot y}{x + y} \qquad \text{(Lehrbuch)}$$

$$R = f(R_1, R_2) = \frac{R_1 \cdot R_2}{R_1 + R_2} \qquad \text{(Aufgabe)}$$

Die Formel für das Fehlerfortpflanzungsgesetz lautet:

$$\sigma_{Mg} = \sqrt{(\tfrac{\partial f}{dx})^2 \, \sigma_x^2 + (\tfrac{\partial f}{dxy})^2 \, \sigma_y^2}$$

Mit den Bezeichnungen für die Widerstände wird daraus

$$\sigma_{MR} = \ldots\ldots\ldots\ldots$$

------------------------------ ▷ 66

98

Sie haben sich nun den ersten Band der „Mathematik für Physiker" anhand der Leitprogramme erarbeitet. Damit haben Sie sich eine gute Grundlage für Ihr weiteres Studium geschaffen. Die Arbeit mag Ihnen manchmal Mühe bereitet haben, aber es darf Ihnen auch Befriedigung verschaffen, daß Sie bis hierher durchgehalten haben. Sie haben Arbeitstechniken kennengelernt und praktiziert, die Ihnen helfen werden, auch die Aufgaben zu bewältigen, die noch vor Ihnen liegen. Das kann und soll Ihnen Mut machen. Mit Geduld und Arbeit werden Sie auch die noch kommenden Aufgaben bewältigen.

------------------------------ ▷ 99

33

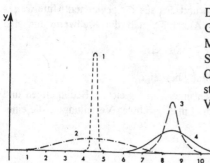

Die Abbildung zeigt vier verschiedene Gaußverteilungen, die sich durch die Lage des Mittelwertes und die Größe der Standardabweichung unterscheiden.

Ordnen Sie die Verteilungen 1, 2, 3, 4 nach steigender Größe von σ.

Verteilung: .... (kleinstes σ)

....

....

....

.... (größtes σ)

Nun geht es weiter mit den Lehrschritten **auf der Mitte der Seiten.**

BLÄTTERN SIE ZURÜCK

-------------------------------- ▷   34

66

$$\sigma_{MR} = \sqrt{\left(\frac{\partial f}{\partial R_1}\right)^2 \sigma_{R_1}^2 + \left(\frac{\partial f}{\partial R_2}\right)^2 \sigma_{R_2}^2}$$

Bekannt sind uns $\sigma_{R_1} = 0,9\ \Omega$ und $\sigma_{R_2} = 1,1\ \Omega$. Wir können die partielle Ableitung bilden und erhalten

$\frac{\partial f}{\partial R_1} = \frac{\partial}{\partial R_1}\left(\frac{R_1 R_2}{R_1 + R_2}\right) = \frac{R_2^2}{(R_1 + R_2)^2} = \ldots\ldots$ Hinweis: Hier brauchen jetzt nur die bekannten

$\frac{\partial f}{\partial R_2} = \frac{\partial}{\partial R_2}\left(\frac{R_1 R_2}{R_1 + R_2}\right) = \frac{R_1^2}{(R_1 + R_2)^2} = \ldots\ldots$ Werte von R_1 und R_2 eingesetzt zu werden.

Nun geht es weiter mit den Lehrschritten **unten auf der Seite.**

Sie finden Lehrschritt 67 unterhalb der Lehrschritte 1 und 34.

BLÄTTERN SIE ZURÜCK

-------------------------------- ▷   67

99

Sie haben das ———————————— des zweiten Bandes erreicht.

Jetzt bleibt nur noch der dritte Band zu bearbeiten..